現代数学への入門　新装版

微分と積分 1

現代数学への入門　新装版

微分と積分1

初等関数を中心に

青本和彦

岩波書店

まえがき

近年，コンピュータのめざましい発展にともなって，数学教育の危機が欧米先進国でも日本においても叫ばれている．数学に対する世の見方が変わってきているのであろう．しかし，数学を長く人類の知的文化史の立場からみた場合，数学のよい成果は変わることなく着々と蓄積されていて大きな財産となっていることに気づかされる．その理由は，数学的見方というのは人間の直観や論理的な考え方のひとつの普遍的な型になっているからなのであろう．

さて，3 角形や円の周や面積，4 面体や球の体積を求める試みは，遠く古代メソポタミアやエジプトにすでに存在していた．これらのもろもろの実際的な手法やデータをもとに，古代ギリシャではアルキメデスなどが，図形や物体をいくつかの基本要素の集まりと考えて，図形の面積や体積，物体の重心やモーメントなどを求めようとして，大きな成果をあげている．

しかし，記号を導入し，変数や関数を用いたより抽象的・一般的な見方，すなわち微分積分学がはじまったのは，近世ヨーロッパのニュートンやライプニッツ以後である．それはひとつには物体の落下法則や天体の運行などを記述する科学的法則の必要性が，認識されるにいたったことによる．

以来，質点や剛体の運動のみならず，弦の振動や変形する物体の運動などを記述することばとして微分積分学の果たしてきた役割は大きい．

自然の変転きわまりない現象をいかに論理的に把握してゆくか，それらを人類の知的文化の向上にいかに役立ててゆくかを思いめぐらすとき，また近年のコンピュータを媒介とする情報科学の基礎となることばの重要性をみるとき，数学の果たす役割はますます大きくなってきていると言える．

数学の体系は夜の星空を見るように美しく壮麗である．しかし，その全体像を理解することは至難のわざでもある．数学がその歴史をきざんできた過程と同じように，われわれが理解してゆくのにも一歩一歩のつみ重ねを必要としているからである．そして，微分積分はその入門の第一歩となる分野である．

本書は高校程度の数学の教科を修了した人，あるいは現在学びつつある人や，大学初年級の学生などを対象に書いた微分積分の入門書である．記述はできるだけていねいにかつ平易にし，いろいろな関数を登場させて微分積分学の多様な側面を示すように心掛けた．

読者が本書を通じて，微分積分を学ぶことの面白さ，意義深さなどを体得し，さらに進んだ数学への興味を引き起こすきっかけになることを祈りたい．

本書は，岩波講座「現代数学への入門」の「微分と積分」の3分冊のうちの最初の分冊として1995年に出版されたが，このたび同講座の分冊がそれぞれ独立に刊行されることとなった．字句の修正などを除いて内容は当初のままである．

本書では，扱っている題材をごく基本的な初等関数にとどめているが，これに続く『微分と積分2』『現代解析学への誘い』(講座刊行時の分冊名は「微分と積分3」)および『複素関数入門』と連携している内容も多い．特に関連がある箇所ではこれらの本をたびたび引用している．本書自身独立して理解することができるように書かれているが，微分・積分をより深く，より発展的に理解していくためには，これらの本を合わせて読み進んでいくことをお薦めする．

2003年5月

青本和彦

学習の手引き

微分，積分は複数の変数のあいだの関係を与える，いわゆる関数を対象として展開される．では変数とか関数とは何であろうか？　まず，次のような簡単な例を用いた説明から始めよう．

1 辺が 1 cm の正方形のブロックを，たて，よこそれぞれに，1 個，2 個，3 個，… と並べた次のような正方形の列を考える．

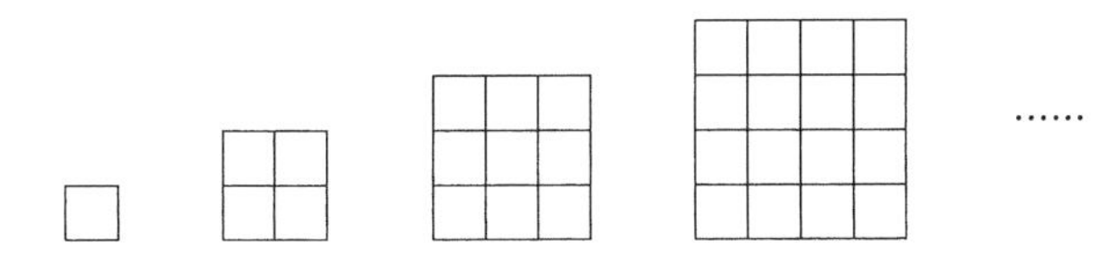

正方形の 1 辺の長さと面積との関係は次のようになる．

1 辺の長さ(cm)	1	2	3	4	5	6	7	8	9	10	…
面積(cm^2)	1	4	9	16	25	36	49	64	81	100	…

1 辺の長さは 1, 2, 3, 4, … と自然数の値をとるわけで，これを変量または変数(variable)と考える．すなわち，1 辺の長さを x cm とするとき，$x=1$ ならば 1 辺が 1 cm の，$x=2$ ならば 1 辺が 2 cm の，$x=6$ ならば 1 辺が 6 cm の正方形を意味する．

他方，面積はというと，正方形の面積は別の変数 y を使って，$y\,\mathrm{cm}^2$ などと表すことができる．すなわち，$y=1$ ならば $1\,\mathrm{cm}^2$，$y=4$ ならば $4\,\mathrm{cm}^2$ という意味である．このように考えると，上の表は

$$
\begin{aligned}
x = 1 \quad &\text{のとき} \quad y = 1 \\
x = 2 \quad &\text{のとき} \quad y = 4 \\
x = 3 \quad &\text{のとき} \quad y = 9 \\
&\cdots\cdots
\end{aligned}
$$

という具合に述べられるわけで，x が与えられるごとに y が x^2 の値として決まってくる．

つまり，2 つの変数 x と y は互いに無関係ではなく，x と y の値は対応している．このとき，x を独立変数，y を従属変数と言う．そして，y は x の関数であると言う．いまの場合，変数 x は $1, 2, 3, \cdots$ ととびとびの値をとるけれども，場合によっては，x は連続的に動く値をとることもある．そして，y は連続変数 x に依存する関数となる．

変数がとる値に番号がつけられるときには，変数に番号をつけて，

$$a_1,\ a_2,\ a_3,\ \cdots$$

などと表すことができる．これは数列と呼ばれる．第 1 章ではまず数列について説明する．次に番号を $1, 2, 3, \cdots$ 無限大へと増大させてゆくとき，数列の各項 a_n はどのような値になってゆくのか，その最終の状態を表す極限(limit)の概念が導入される．この概念を導入することによって，無限という日常的にあいまいな感覚でしかとらえられていない対象を論理的に厳密にとらえることができるのである．そして自然数，有理数，実数という具合に数が自然に拡張されてゆくのである．

第 1 章の後半では，極限の考えを用いて，連続関数を定義しその基本的性質について述べる．また連続関数の例として重要な指数関数 e^x や対数関数 $\log x$ を導入する．

第 2 章では，関数の微分や導関数の解説をする．大ざっぱに言えば，変数の増分 Δx と，それに応じた関数の増分 Δy との割合 $\dfrac{\Delta y}{\Delta x}$ を考えて，Δx が 0 に近づくときの極限値

$$\lim_{\Delta x \to 0} \frac{\Delta y}{\Delta x}$$

が微分である．これは，時刻とともに進む車や電車の速度として，われわれが日常経験する量である．

また，与えられた関数のグラフの点に接線を引くとき，その接線の勾配の大きさとしてもとらえられる．微分がどのように関数のふるまいを決めるのかを関数のいろいろな側面から明らかにしてゆく．また，初等関数の微分の

計算法を例示して，読者に微分法に慣れてもらうことも大事な目標である．

第3章では，関数の積分について解説する．積分は図形の面積と深い関わりがある．面積を求めるにはふつう次のように考える．図形を基本的な正方形のブロックの集まりとみなし，それらのブロックの面積の総和を考える．ブロックをさらに細かくしてゆき，その総和の極限値を求め，これを図形の面積と考える．

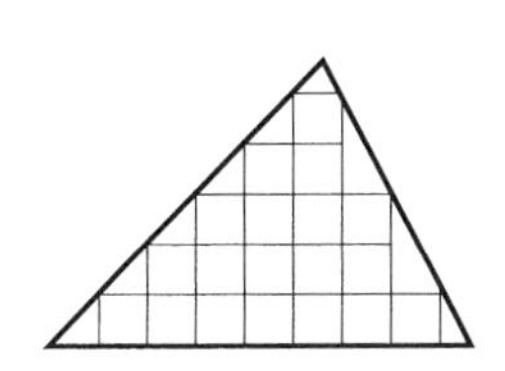

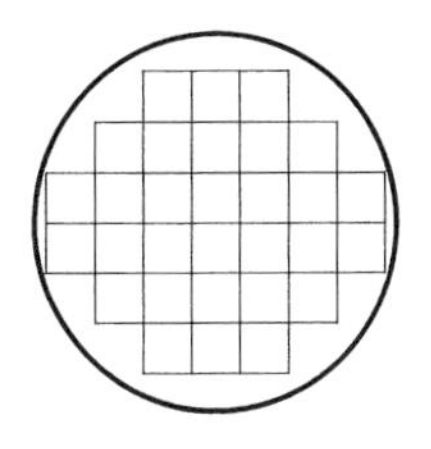

もしも図形そのものが変化するならば，その面積も変化する．そこにはある数学的法則がある．これを関数の概念を用いて体系づけたものが定積分であり，不定積分であるということができる．関数の不定積分と定積分との関連を重視しながら，積分の基本的性質や手法について解説する．典型的な例として，順列や組合せの数 $n!$ や $\binom{n}{m}=\dfrac{n!}{m!(n-m)!}$ を解析的に拡張した関数であるガンマ関数，ベータ関数を積分を用いて定義する．

第4章では級数，特にベキ級数を取り扱う．ベキ級数の収束・発散などの基本性質，その判定法について述べる．ここでは，テイラー級数はもっとも重要なテーマである．関数 $f(x)$ を一般的に表示するテイラー級数

$$f(x)=\sum_{n=0}^{\infty}\frac{f^{(n)}(\alpha)}{n!}(x-\alpha)^n$$

が，多くの関数の性質を調べるのにいかに有用な手段であるかを読者に理解してもらうことがねらいである．無限積表示，特にガンマ関数の無限積表示についても言及する．

本書全体を通じて，筆者はいろいろな関数とその性質を提示しながら，微分，積分は何をする学問であるかを，読者に直観的にわかりやすく感じとっ

ていただくように配慮した．したがって，より厳密な証明や原理的な展開についてはあまり詳細には述べていない部分もある．『微分と積分2』『現代解析学への誘い』に詳しく述べられるので，そちらも参照していただきたい．

本書では主として1変数の関数のみを取り扱う．2変数以上の場合の系統的な解説は『微分と積分2』『現代解析学への誘い』において行なわれている．

また，章末にはいくつかの演習問題をつけてある．これは本文の内容を補充する意味もあり，これにも挑戦してもらいたい．そうすることが，本文の内容をより広く，深く理解するのに役立つものと確信する．

目　次

数学記号

$\mathbb{N}$	自然数の全体
$\mathbb{Z}$	整数の全体
$\mathbb{Q}$	有理数の全体
$\mathbb{R}$	実数の全体
$\mathbb{C}$	複素数の全体

ギリシャ文字

大文字	小文字	読み方	大文字	小文字	読み方
A	α	アルファ	N	ν	ニュー
B	β	ベータ	Ξ	ξ	クシー
Γ	γ	ガンマ	O	o	オミクロン
Δ	δ	デルタ	Π	π, ϖ	パイ
E	ϵ, ε	イプシロン	P	ρ, ϱ	ロー
Z	ζ	ゼータ	Σ	σ, ς	シグマ
H	η	イータ	T	τ	タウ
Θ	θ, ϑ	シータ	Υ	υ	ユプシロン
I	ι	イオタ	Φ	ϕ, φ	ファイ
K	κ	カッパ	X	χ	カイ
Λ	λ	ラムダ	Ψ	ψ	プサイ
M	μ	ミュー	Ω	ω	オメガ

1 数列と関数

実数の小数展開は数列の極限としてとらえることができる．数列の極限の性質を明らかにすることによって，極限を通して導かれる実数の性質も明らかになってゆく．次に，実数の性質を基礎にして関数の連続性を導入する．さらに，関数の連続性が，中間値の存在，最大値，最小値の存在などの関数のいろいろな性質を導く基本となることを解説する．初等関数として重要な指数関数およびその逆関数である対数関数を導入する．

§1.1 数　列

日常生活においてもしばしば出会う数列は，数学的に多様な面白い性質を持っている．数列とはどんなものか，その定義と性質を見てみよう．

(a) 数　列

数を順に並べたものを**数列**(sequence)という．例えば，

$$1, 2, 3, 4, 5, 6, 7, 8, 9, 10 \tag{1.1}$$

は，10 個の数からなる数列であり，円周率 π の小数展開の数字を並べた

$$3, 1, 4, 1, 5, 9, 2, 6, \cdots \tag{1.2}$$

は，無限に続く数列である．

数列には，その数の並び方に規則性があるものも，規則性のないものもあ

る．例えば，1つのサイコロを繰り返し投げて，出た目の数を並べると，規則性のない無限に続く数列が得られる．

例 1.1　次のような数列も考えられる．

（1）　$1, -1, 1, -1, 1, -1, 1, -1, \cdots$

（2）　$1, \dfrac{1}{2}, \dfrac{1}{5}, \dfrac{1}{10}, \dfrac{1}{17}, \dfrac{1}{26}, \cdots$

（3）　$1, 3, 7, 15, 31, 63, \cdots$

（4）　$\sqrt{2}+1, \sqrt{3}+\sqrt{2}, 2+\sqrt{3}, \sqrt{5}+2, \sqrt{6}+\sqrt{5}, \cdots$

（5）　$1, 2, \dfrac{3}{2}, \dfrac{5}{3}, \dfrac{8}{5}, \dfrac{13}{8}, \dfrac{21}{13}, \dfrac{34}{21}, \cdots$　□

問 1　上の5個の数列の第10番目の数を推測せよ．

一般に数列を表すときには，第n番目の数を文字を用いてa_nなどと書き，その数列の**第 n 項**と言う．有限数列$a_1, a_2, \cdots, a_N$を$\{a_n\}_{n=1}^N$，無限数列$a_1, a_2, \cdots$を$\{a_n\}_{n=1}^\infty$，どちらも略して$\{a_n\}$などと表す．数列(1.1)では，

$$a_1=1, \quad a_2=2, \quad a_3=3, \quad a_4=4, \quad \cdots,$$

数列(1.2)では，

$$a_1=3, \quad a_2=1, \quad a_3=4, \quad a_4=1, \quad \cdots$$

となっている．

例 1.2　3/14を(10進)小数に展開すると，

$$\frac{3}{14}=0.2\dot{1}4285\dot{7}=0.214285714285714 28\cdots.$$

ここで，$\dot{1}4285\dot{7}$は7以降の桁に142857が循環して繰り返すことを意味する．小数点以下に現れる数字を順に，$a_1, a_2, a_3, \cdots$とすると，$a_1=2, a_2=1, a_3=4, a_4=2, a_5=8, a_6=5, a_7=7$．そして，$n \geqq 8$のとき，$a_n=a_{n-6}$が成立する．　□

一般に，数列$\{a_n\}$に対して，ある番号以上のnに対してつねに，$a_{n+p}=a_n$となっているとき，自然数pをこの数列の周期と言う．

数列の第 n 項 a_n は，n についての式で表すこともある．例えば，例 1.1 (1), (2), (3) の数列では，第 n 項は次のようになる．

(1) $a_n = (-1)^{n-1}$ (2) $a_n = \dfrac{1}{(n-1)^2+1}$ (3) $a_n = 2^n - 1$

これらの数列を

$$\{(-1)^{n-1}\}_{n=1}^{\infty}, \qquad \left\{\frac{1}{(n-1)^2+1}\right\}_{n=1}^{\infty}, \qquad \{2^n-1\}_{n=1}^{\infty}$$

とも書く．

問 2 数列 $\{n!\}_{n=1}^{\infty}$ は，$\{n\}_{n=1}^{\infty}$, $\{n^2\}_{n=1}^{\infty}$ などに比べて，非常に速く大きくなる．この数列を 1 行に 1 項ずつ書いてみて，$n!$ が n 桁以上になる n の範囲を求めよ．ここで，$n! = 1\cdot 2\cdot 3\cdots(n-1)\cdot n$ で n の階乗と言う．

(b) 漸化式

数列 $\{a_n\}_{n=1}^{\infty}$ の中でも，はっきりした規則で順に定まるものをいくつか挙げてみる．

例 1.3 数 d が与えられて，第 n 項 a_n がひとつ前の項 a_{n-1} と d の和に等しい，つまり

$$a_n = a_{n-1} + d \quad (n = 2, 3, 4, \cdots) \tag{1.3}$$

である数列を（無限）**等差数列**といい，d をその公差，a_1 を初項と言う．この数列の第 n 項は一般に

$$a_n = a_1 + (n-1)d \quad (n = 1, 2, 3, \cdots)$$

の形に表される． □

例 1.4 数 r が与えられて，第 n 項 a_n がひとつ前の項 a_{n-1} の r 倍，つまり，

$$a_n = ra_{n-1} \quad (n = 2, 3, 4, \cdots) \tag{1.4}$$

である数列を（無限）**等比数列**といい，r をその公比，a_1 を初項と言う．この数列の第 n 項は一般に

$$a_n = r^{n-1}a_1 \quad (n = 1, 2, 3, \cdots)$$

の形に表される. □

例 1.5　第 n 項が前 2 項の和である数列 $\{a_n\}$ をフィボナッチ(Fibonacci)数列と言う. つまり, この数列をきめる規則は,

$$a_n = a_{n-1} + a_{n-2} \quad (n = 3, 4, 5, \cdots) \tag{1.5}$$

で表される. 例えば, $a_1 = 0$, $a_2 = 1$ のときは,

$$0,\ 1,\ 1,\ 2,\ 3,\ 5,\ 8,\ 13,\ 21,\ 34,\ \cdots$$

というフィボナッチ数列が得られる. □

問 3　例 1.1 の数列(5)の第 n 項は p_{n+1}/p_n の形に書ける. 数列 $\{p_n\}$ はフィボナッチ数列になっていることを確かめよ.

問 4　$a_n = \alpha^n$ がフィボナッチ数列になるように定数 α を定めよ.

一般に, (1.3), (1.4), (1.5)のような, 数列の項と項の間の関係を表す式を**漸化式**と言う.

問 5　$\{a_n\}, \{b_n\}$ がそれぞれ公比 r, s の等比数列のとき, 数列 $\{a_nb_n\}, \{a_n/b_n\}$(ただし $b_n \neq 0$ とする)はどんな数列か?

例 1.1 の数列(5)は, 漸化式

$$a_n = 1 + \frac{1}{a_{n-1}} \quad (n = 2, 3, \cdots) \tag{1.6}$$

で定まる数列である.

問 6　漸化式(1.5)と(1.6)にはどんな関係があるか?

例 1.6　$a_n = \cos n\theta$ (3 角関数については後の例 1.41 を参照)で与えられる数列は, 漸化式

$$a_n = 2a_{n-1}\cos\theta - a_{n-2}$$

をみたす. 実際, 3 角関数の加法公式より,

$$\cos(n\theta\pm\theta)=\cos n\theta\cos\theta\mp\sin n\theta\sin\theta\quad（複号同順）$$

だから，

$$\cos(n+1)\theta+\cos(n-1)\theta=2\cos n\theta\cos\theta.$$

□

問 7　$a_n=\sin n\theta$ も上の漸化式をみたすことを示せ．

例題 1.7　漸化式

$$x_n=\lambda x_{n-1}-x_{n-2}\quad(n\geqq 3)\tag{1.7}$$

をみたす数列 $\{x_n\}_{n=1}^{\infty}$ を次の場合に求めよ．ただし，$|\lambda|<2$ とする．

(1) $x_1=1,\ x_2=0$　　(2) $x_1=0,\ x_2=1$

[解]　$\lambda=2\cos\theta\ (0<\theta<\pi)$ とすると，例 1.6 と問 7 から 2 つの数列

$$x_n=\cos n\theta,\quad x_n=\sin n\theta$$

は(1.7)をみたす．したがって，a,b が定数のとき，

$$x_n=a\cos n\theta+b\sin n\theta$$

とおくと，数列 x_n も漸化式(1.7)をみたす(確かめよ)．そこで，(1)の場合，

$$a\cos\theta+b\sin\theta=1,\quad a\cos 2\theta+b\sin 2\theta=0$$

となる a,b を求めると，

$$a=2\cos\theta,\quad b=-\frac{\cos 2\theta}{\sin\theta}.$$

よって，$x_n=-\sin(n-2)\theta/\sin\theta\ (n=1,2,3,\cdots)$．また，(2)の場合も同様にして，

$$a\cos\theta+b\sin\theta=0,\quad a\cos 2\theta+b\sin 2\theta=1$$

より，$a=-1,\ b=\cos\theta/\sin\theta$，よって $x_n=\sin(n-1)\theta/\sin\theta$．　■

問 8　$|\lambda|>2$ のとき，$x_n=\alpha^n$ が漸化式(1.7)をみたすように定数 α を定めよ．これを利用して，$x_1=1,\ x_2=0$ と $x_1=0,\ x_2=1$ のとき，(1.7)をみたす数列 $\{x_n\}$ を求めよ．

上の例題 1.7 では，数列の各項を定数倍して得られる数列や，2 つの数列

の各項の和で与えられる数列を考えた．一般に，与えられた数列 $\{a_n\}, \{b_n\}$ から，次のような数列 $\{c_n\}$ を考えることができる．

（1） $c_n = \alpha a_n$ （α は定数），

（2） $c_n = a_n + b_n$ （または $a_n - b_n$），

（3） $c_n = a_n b_n$，

（4） $c_n = \dfrac{a_n}{b_n}$ （$b_n \neq 0$），

（5） $c_n = \sum\limits_{k=1}^{n} a_k b_{n+1-k} = a_1 b_n + a_2 b_{n-1} + \cdots + a_n b_1$ （たたみ込み）．

問9　次の場合に，上の(1)-(5)で与えられる数列を求めよ．

(a) $a_n = n,\ b_n = (-1)^{n-1}$　　(b) $a_n = x^n,\ b_n = y^n$

(c)　数列の和

1つの数列 $\{a_n\}_{n=1}^{\infty}$ が与えられたとき，次のような数列 $\{S_N\}_{N=1}^{\infty}$ を考えることができる．

$$S_N = \sum_{n=1}^{N} a_n = a_1 + \cdots + a_N. \tag{1.8}$$

このとき，S_N を初項から第 N 項までの**数列の和**と言う．$S_0 = 0$ とおいて，差をとると，

$$a_n = S_n - S_{n-1} \quad (n = 1, 2, 3, \cdots) \tag{1.9}$$

となる．例えば，

- $a_n = 1$ のとき，$S_N = N$
- $a_n = (-1)^{n-1}$ のとき，$S_N = \begin{cases} 1 & (N\text{ が奇数のとき}) \\ 0 & (N\text{ が偶数のとき}) \end{cases}$
- $a_n = cr^{n-1}$ のとき，$S_N = \begin{cases} c\dfrac{1-r^N}{1-r} & (r \neq 1) \\ cN & (r = 1) \end{cases}$
- $a_n = n$ のとき，$S_N = \dfrac{N(N+1)}{2}$

・$a_n=n(n+1)$ のとき，$S_N=\dfrac{N(N+1)(N+2)}{3}$

問10　上のことを確かめよ．

問11　初項1/2，公比1/2の等比数列の第10項までの和を求めよ．

一般に，上の(1.9)が成り立てば，S_N は数列 $\{a_n\}$ の和である．実際，

$$S_N=(S_N-S_{N-1})+\cdots+(S_2-S_1)+(S_1-S_0)=\sum_{n=1}^{N}a_n.$$

問12　次のことを証明せよ．ただし，$m\geqq 1$ とする．

(1)　$a_n=n(n+1)\cdots(n+m-1)$ のとき，

$$S_N=\frac{N(N+1)\cdots(N+m)}{m+1}$$

(2)　$a_n=\dfrac{1}{n(n+1)\cdots(n+m)}$ のとき，

$$S_N=\frac{1}{m}\left(\frac{1}{1\cdot 2\cdots m}-\frac{1}{(N+1)\cdots(N+m)}\right)$$

問13　$k=1,2,3,4$ のとき，問12(1)を利用して，次の $S_N^{(k)}$ を求めよ．

$$S_N^{(k)}=\sum_{n=1}^{N}n^k$$

例題1.8　$a_n=1/n$ のとき，どんな自然数 M に対しても，

$$S_N\geqq M$$

となる N がとれることを示せ．

[解]　$m\geqq 1$ のとき，$\dfrac{1}{2^{m-1}}>a_n\geqq\dfrac{1}{2^m}$ となる n の個数は，$2^{m-1}<n\leqq 2^m$ より，$2^m-2^{m-1}=2^{m-1}$ 個ある．よって，

$$a_{2^{m-1}+1}+a_{2^{m-1}+2}+\cdots+a_{2^m}\geqq 2^{m-1}\cdot\frac{1}{2^m}=\frac{1}{2}.$$

ゆえに，$N=2^{2M}$ ととれば

$$S_N = \sum_{n=1}^{N} a_n \geqq \sum_{m=1}^{2M} (a_{2^{m-1}+1} + \cdots + a_{2^m}) \geqq 2M \cdot \frac{1}{2} = M. \qquad \blacksquare$$

これまで，数列 $\{a_n\}$ の添え字 n は $n=1$ から始めてきたが，初項を a_0 として，$n=0,1,2,\cdots$ と動かすことも多い．例えば，

（1）$a_n = cr^n \quad (n \geqq 0)$　　（2）$a_n = \begin{cases} \binom{n}{m} & (n \geqq m \geqq 0) \\ 0 & (m > n) \end{cases}$

また，2つの添え字を持つ数列を考えることもある．例えば，

（1）$a_{n,m} = \begin{cases} \binom{n}{m} & (n \geqq m \geqq 0) \\ 0 & (m > n) \end{cases}$　　（2）$a_{n,m} = n^2 + m^2 \quad (n, m \geqq 0)$

組合せの数 $\binom{n}{m} = \dfrac{n!}{m!(n-m)!}$ はしばしば ${}_nC_m$ とも表される．

§1.2　数列の極限

無限数列の行き着く先，すなわち極限はどのように理解されるか？　極限の定義とその基本性質を述べながら，小数展開をもちいて実数の概念に到達する．

(a)　小数展開

有理数や無理数などの数は10進小数展開で表示できる．例えば，

$$\frac{1}{3} = 0.\dot{3} = 0.333\cdots \tag{1.10}$$

である．この式(1.10)の意味を確かめてみよう．右辺 $0.333\cdots$ は，数直線上で有限小数の数列 $a_1 = 0.3$, $a_2 = 0.33$, $a_3 = 0.333$, $\cdots$ が，その桁数を限りなく大きくしてゆくとき行き着く先である．

ここで，等比級数の和の公式から

$$a_n = \frac{3}{10} + \frac{3}{10^2} + \cdots + \frac{3}{10^n} = \frac{1}{3}\left\{1 - \left(\frac{1}{10}\right)^n\right\}$$

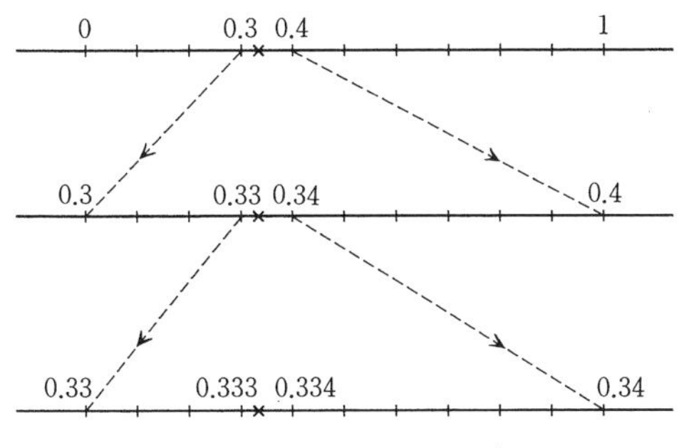

図 1.1　数直線上で 1/3 が表す点

であり，n を大きくすると，$(1/10)^n$ はいくらでも小さくなるから，a_n は 1/3 に近づいていく．このことを，$\{a_n\}$ は 1/3 に収束する，または，n が限りなく増大するとき $\{a_n\}$ の極限(または極限値，limit)は 1/3 であると言い，

$$\lim_{n\to\infty} a_n = \frac{1}{3} \tag{1.11}$$

と書き表す．つまり，無限小数 0.333… は数列 $\{a_n\}$ の極限を与えるものであり，(1.11)より

$$0.333\cdots = \lim_{n\to\infty} a_n = \frac{1}{3}.$$

これが(1.10)の意味である．同様に，$0.\dot{3}\dot{6} = 0.363636\cdots$ については，

$$a_n = \begin{cases} \dfrac{3}{10} + \dfrac{6}{10^2} + \cdots + \dfrac{3}{10^n} & (n\text{ が奇数のとき}) \\ \dfrac{3}{10} + \dfrac{6}{10^2} + \cdots + \dfrac{3}{10^{n-1}} + \dfrac{6}{10^n} & (n\text{ が偶数のとき}) \end{cases}$$

とするとき，次のようになる．

$$0.\dot{3}\dot{6} = \lim_{n\to\infty} a_n = \frac{4}{11}. \tag{1.12}$$

問 14　次の循環小数の表す有理数を求めよ．

(1) $0.59\dot{7}\dot{3}$　　(2) $0.4\dot{1}6\dot{9}$　　(3) $0.21\dot{9}$

問15　次の有理数の小数展開を求めよ.

（1）$\dfrac{1}{7}$　　（2）$\dfrac{7}{13}$

無理数についても同様に極限の形で表すことができる．例えば，

$$\sqrt{2} = 1.41421356\cdots$$

については，

$$a_1 = 1, \quad a_2 = 1.4, \quad a_3 = 1.41, \quad a_4 = 1.414, \quad \cdots$$

とするとき，

$$\lim_{n\to\infty} a_n = \sqrt{2}$$

が成り立つ．一般に無限小数 $0.\alpha_1\alpha_2\alpha_3\cdots$ $(0 \leqq \alpha_k \leqq 9)$ について，

$$0.\alpha_1\alpha_2\alpha_3\cdots = \lim_{n\to\infty} 0.\alpha_1\alpha_2\cdots\alpha_n = \lim_{n\to\infty}\left(\sum_{k=1}^{n}\frac{\alpha_k}{10^k}\right)$$

である．実際，

$$0.\alpha_1\alpha_2\alpha_3\cdots = 0.\alpha_1\alpha_2\cdots\alpha_n + 0.0\cdots0\alpha_{n+1}\cdots.$$

ここで，

$$|0.0\cdots0\alpha_{n+1}\cdots| \leqq \frac{1}{10^n}$$

なので，

$$\lim_{n\to\infty} 0.0\cdots0\alpha_{n+1}\cdots = 0.$$

有理数 q/p の小数展開

$$\frac{q}{p} = \alpha_0.\alpha_1\alpha_2\alpha_3\cdots \quad (\alpha_0 \text{ は自然数})$$

は，割り算を繰り返すことによって求まる．有理数は一般に次のように特徴づけられる．

定理 1.9

（i）　有理数は，循環小数または有限小数で表される．

（ii）　循環小数または有限小数で表される数は，有理数である．　□

例 1.10　小数 0.10110111011110⋯ は，数字 0 の間に連続する 1 の数字の個数が 1 つずつ増えていくので循環しないから，有理数にはならない．　□

系 1.11　有限小数でも循環小数でもない小数展開をもつ数は，無理数である．　□

これからは，有理数と無理数を合わせたものを**実数**(real number)と言い，実数全体を $\mathbb{R}$ で表す．実数とは，小数展開できる数である．また，実数はすべて数直線上の点で表すことができる．

注意 1.12　999⋯ で終わる循環小数は，次のように 2 通りの表示が可能である．

$$a = \alpha_0.\alpha_1\alpha_2\cdots\alpha_k 999\cdots = \alpha_0.\alpha_1\alpha_2\cdots\alpha_{k-1}(\alpha_k+1) \quad (0 \leqq \alpha_k \leqq 8).$$

特に，$0.999\cdots = 1$.

注意 1.13　10 進展開を次のように拡張することができる．1 より大きい任意の自然数 N を固定すると，任意の実数 a は α_0 を整数として

$$a = \alpha_0 + \sum_{k=1}^{\infty} \frac{\alpha_k}{N^k} \quad (\alpha_k \text{ は } 0 \leqq \alpha_k \leqq N-1 \text{ をみたす整数})$$

と表される．これを，N 進展開と言う．

(b)　数列の極限

数列の極限についてもう少し一般的な考察をしよう．数列 $a_n = \dfrac{(-1)^n}{n} + 1$ を考える．正数 ε を順々に $10^{-1}, 10^{-2}, 10^{-3}, \cdots$ ととるとき，ε に応じて，それぞれ自然数 N を適当に，例えば，$N = 20, 200, 2000, \cdots$ と選べば，

$$n \geqq N \quad \text{のとき不等式} \quad |a_n - 1| < \varepsilon \tag{1.13}$$

が成り立っている．さらに，ε がどんなに小さな勝手な正数でも，N を大きくとれば(1.13)が成り立っている．例えば，$10^{-k-1} < \varepsilon < 10^{-k}$ であれば $N = 2\cdot 10^k$ ととればよい．このときには，数列 $\{a_n\}_{n=1}^{\infty}$ は，$n \to \infty$ のとき，1 に**収束する**，あるいは $\{a_n\}_{n=1}^{\infty}$ の極限(極限値ともいう)は 1 であると言う．そして，

$$\lim_{n\to\infty} a_n = 1, \quad \text{あるいは,} \quad a_n \to 1 \quad (n \to \infty)$$

と書く．

また，例えば，$M=10, 10^2, 10^3, \cdots$ と，限りなく大きくなる数 M をとるとき，M に応じて，ある自然数 N があって，

$$n \geqq N \quad \text{ならば} \quad a_n \geqq M$$

が成り立っているならば，$\{a_n\}$ は，$n \to \infty$ のとき，∞（あるいは $+\infty$）に**発散する**と言う．これを

$$\lim_{n \to \infty} a_n = \infty$$

と書く．例えば，$a_n=n$, $a_n=2^n$ などは ∞ に発散する数列の例である．

同様に，$\lim_{n\to\infty} a_n = -\infty$ も定義される．また，収束もせず，∞ にも $-\infty$ にも発散しないならば，a_n は**振動する**と言う．

例 1.14

$$\lim_{n \to \infty} r^n = \begin{cases} 0 & (-1 < r < 1) \\ 1 & (r = 1) \\ \infty & (r > 1) \\ \text{振動する} & (r \leqq -1) \end{cases}$$

実際，$r>1$ とする．$r=1+h$ $(h>0)$ とおくとき，$r^n=(1+h)^n \geqq 1+nh \to \infty$ $(n\to\infty)$ だから，$\lim_{n\to\infty} r^n = \infty$．また，$|r|<1$ のときは，$|r^n| = \dfrac{1}{(1/|r|)^n} \to 0$ $(n \to \infty)$．$r<-1$ のときは，$|r^n|$ は ∞ に発散するが，r^n の符号が交互に変化するので振動する．□

問16　次を示せ．ただし，r は整数とする．

（1）　$\lim_{n\to\infty} n^r = \begin{cases} \infty & (r>0) \\ 1 & (r=0) \\ 0 & (r<0) \end{cases}$

（2）　$\lim_{n\to\infty} \dfrac{n}{2^n} = 0$　　（3）　$\lim_{n\to\infty} (\sqrt{n+1} - \sqrt{n}) = 0$

定義から明らかなように，収束する数列 $\{a_n\}$ の部分列 $\{a_{n_j}\}_{j=1}^{\infty}$ $(n_1 < n_2 <$

$\cdots$) は，$\{a_n\}$ と同一の極限に収束する．例えば，上記の数列 $a_n = \dfrac{(-1)^n}{n}+1$ のとき，$n_m = 2m$ $(m \geqq 1)$ とすると，部分列 $\{a_{2m}\}_{m=1}^{\infty}$ もまた 1 に収束する．

例題 1.15 $a>0$ のとき，$\displaystyle\lim_{n\to\infty}\frac{a^n}{n!}=0$ を示せ．

［解］ $2a$ より大きい自然数 N を固定する．$n \geqq N$ のとき $n>2a$ であるから

$$\frac{a^n}{n!} < \frac{a^N}{N!}\left(\frac{1}{2}\right)^{n-N} \to 0 \quad (n\to\infty).$$ ∎

いま，2 つの数列 $a_n = \alpha+1/n$, $b_n = \beta+1/n$ $(\beta \neq 0)$ を考えると

$$\lim_{n\to\infty} a_n = \alpha, \quad \lim_{n\to\infty} b_n = \beta$$

であり，さらに，$n\to\infty$ のとき，

$$a_n+b_n = \alpha+\beta+\frac{2}{n} \to \alpha+\beta,$$

$$a_nb_n = \alpha\beta+\frac{\alpha+\beta}{n}+\frac{1}{n^2} \to \alpha\beta,$$

$$\gamma a_n = \gamma\alpha+\frac{\gamma}{n} \to \gamma\alpha,$$

$$\frac{a_n}{b_n} = \frac{\alpha+1/n}{\beta+1/n} = \frac{\alpha}{\beta}+\frac{\beta-\alpha}{n\beta(\beta+1/n)} \to \frac{\alpha}{\beta}$$

が成り立つ．これらの事実は，そのまま一般的に成り立つ．

命題 1.16 $\displaystyle\lim_{n\to\infty} a_n = \alpha$, $\displaystyle\lim_{n\to\infty} b_n = \beta$ ならば，

(i) $\displaystyle\lim_{n\to\infty}(a_n \pm b_n) = \alpha \pm \beta$

(ii) $\displaystyle\lim_{n\to\infty} a_nb_n = \alpha\beta$

(iii) $\displaystyle\lim_{n\to\infty} \gamma a_n = \gamma\alpha$

(iv) $\displaystyle\lim_{n\to\infty} \frac{a_n}{b_n} = \frac{\alpha}{\beta} \quad (\beta \neq 0)$ □

例 1.17 $c_0, c_1, \cdots, c_r$ は定数で，$a_n = \displaystyle\sum_{k=1}^{r} c_k n^{-k} + c_0$ のとき，$\displaystyle\lim_{n\to\infty} a_n = c_0$ となる．実際，命題 1.16(iii) により，各 k に対して，$c_k n^{-k} \to 0$．したがって

命題1.16(i)を繰り返し利用すれば，これが成り立つことがわかる. □

問17 次の極限値を求めよ.

(1) $\lim_{n\to\infty}\frac{an+b}{\sqrt{n^2+n+1}}$ (2) $\lim_{n\to\infty}\frac{c^n-c^{-n}}{c^n+c^{-n}}$ $(c>0)$

数列 $\{a_n\}_{n=1}^{\infty}$ が与えられたとき，この数列の和 S_N についても極限を考えることができる．例えば，等比数列の和の場合

$$\lim_{n\to\infty}\sum_{k=0}^{n} cr^k = \frac{c}{1-r} \quad (-1<r<1).$$

また例題1.8より

$$\lim_{n\to\infty}\left(1+\frac{1}{2}+\frac{1}{3}+\cdots+\frac{1}{n}\right)=\infty. \tag{1.14}$$

一般に，$\lim_{n\to\infty} S_n$ の極限値を $\sum_{n=1}^{\infty} a_n$，あるいは $a_1+a_2+a_3+\cdots$ と表して，**無限級数**と言う．上の2つの例は，無限級数であって

$$\sum_{k=0}^{\infty} cr^k = \frac{c}{1-r}, \quad 1+\frac{1}{2}+\frac{1}{3}+\cdots=\infty$$

などとも書ける.

問18 以下を示せ.

$$\frac{1}{a+1}+\frac{1}{a+2}+\frac{1}{a+3}+\cdots=\infty \quad (a\geqq 0)$$

命題1.18 $\lim_{n\to\infty} a_n=\alpha$, $\lim_{n\to\infty} b_n=\beta$ とする.

(i) $a_n\leqq b_n$ ならば，$\alpha\leqq\beta$.

(ii) $a_n\leqq c_n\leqq b_n$ かつ $\alpha=\beta$ ならば，$\{c_n\}$ も収束して，$\lim_{n\to\infty} c_n=\alpha$. □

注意1.19 $a_n\leqq b_n$ のとき，

$$\lim_{n\to\infty} a_n=\infty \quad ならば \quad \lim_{n\to\infty} b_n=\infty,$$

$$\lim_{n\to\infty} b_n=-\infty \quad ならば \quad \lim_{n\to\infty} a_n=-\infty.$$

問19　命題1.18を証明せよ.

例1.20

$$\lim_{n\to\infty} \sqrt[n]{2} = 1. \tag{1.15}$$

実際，2項定理を利用すると，

$$1+1 \leqq 1+n\cdot\frac{1}{n}+\frac{n(n-1)}{2}\cdot\left(\frac{1}{n}\right)^2+\cdots+\left(\frac{1}{n}\right)^n=\left(1+\frac{1}{n}\right)^n$$

であるから，n乗根をとって，

$$1 < \sqrt[n]{2} < 1+\frac{1}{n}.$$

ゆえに，命題1.18より(1.15)が成り立つ.　□

問20　$a>0$のとき，$\lim_{n\to\infty} \sqrt[n]{a}=1$を示せ.

前項(a)で述べたように，実数は小数展開によって表されるのであるから，次のことがわかる.

命題1.21　任意の実数は適当な有理数列の極限である.　□

実数aに収束する有理数列は，ただ1通りではない．例えば，

$$\frac{1+\sqrt{5}}{2} = 1.618033989\cdots$$

は小数展開で表されているが，また，例1.1(5)の有理数列

$$a_1 = 1, \quad a_2 = 1+1 = 2, \quad a_3 = 1+\frac{1}{1+1} = \frac{3}{2},$$

$$a_4 = 1+\cfrac{1}{1+\cfrac{1}{1+1}} = \frac{5}{3}, \quad \cdots$$

の極限にもなっている．このとき$x=(1+\sqrt{5})/2$は**連分数展開**

$$\frac{1+\sqrt{5}}{2} = 1+\cfrac{1}{1+\cfrac{1}{1+\cfrac{1}{1+\ddots}}} \tag{1.16}$$

の表示をもつと言う．(1.6)の極限をとるとわかるように，$(1+\sqrt{5})/2$ は，方程式

$$x = 1+\frac{1}{x} \tag{1.17}$$

の解になっているわけである．

問21　$x=\lim_{n\to\infty} a_n$ は(1.17)をみたすことを示し，(1.16)を証明せよ．

$(1+\sqrt{5})/2$ は，いわゆる黄金分割の数として古くから知られている(図1.2)．

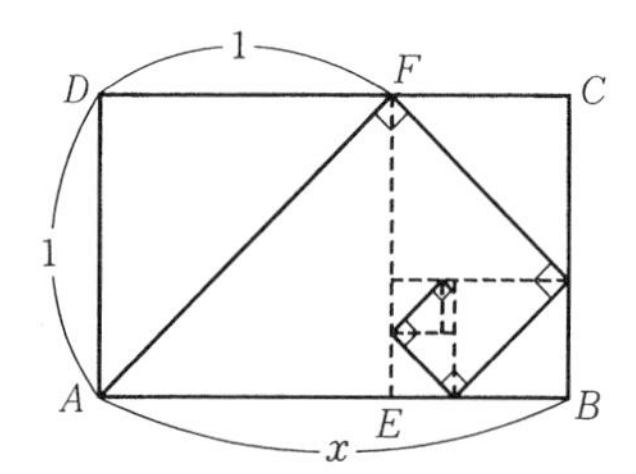

図1.2　黄金分割．長方形 $ABCD$ は長方形 $FEBC$ に相似．

§1.3　実数の基本性質

実数のもつ基本的な性質を提示する．実数の数列に上限，下限，上極限，下極限などの概念を導入して，極限の概念をより明確にすることができる．指数関数およびネピア数(自然対数の底ともいう) e を導入する．

(a)　単調数列の収束

例 1.1(5)の数列 $\{a_n\}$ の奇数番目のみを拾いだして新たに数列 $\{b_n\}$

$$b_1 = 1, \quad b_2 = \frac{3}{2}, \quad b_3 = \frac{8}{5}, \quad b_4 = \frac{21}{13}, \quad \cdots$$

を，また偶数番目のみを取り出して数列 $\{c_n\}$

$$c_1 = 2, \quad c_2 = \frac{5}{3}, \quad c_3 = \frac{13}{8}, \quad c_4 = \frac{34}{21}, \quad \cdots$$

をつくる．よく見ると，$\{b_n\}$ は単調増大

$$b_1 \leqq b_2 \leqq b_3 \leqq \cdots, \tag{1.18}$$

$\{c_n\}$ は単調減少

$$c_1 \geqq c_2 \geqq c_3 \geqq \cdots \tag{1.19}$$

になっている．つねに

$$b_n \leqq c_n. \tag{1.20}$$

そして，$c_n - b_n = 1/d_n$ と書くと，$d_1 = 1$, $d_2 = 6$, $d_3 = 40$, $d_4 = 273$, $\cdots$ と $\{d_n\}$ は単調増大な正整数列である．$\{d_n\}$ は ∞ に発散するので，

$$\lim_{n\to\infty}(c_n - b_n) = 0 \tag{1.21}$$

が成り立っている．そして，(1.16)よりこの極限値は $(1+\sqrt{5})/2$ に等しい．すなわち

$$\lim_{n\to\infty} b_n = \lim_{n\to\infty} c_n = \lim_{n\to\infty} a_n = \frac{1+\sqrt{5}}{2}$$

である．

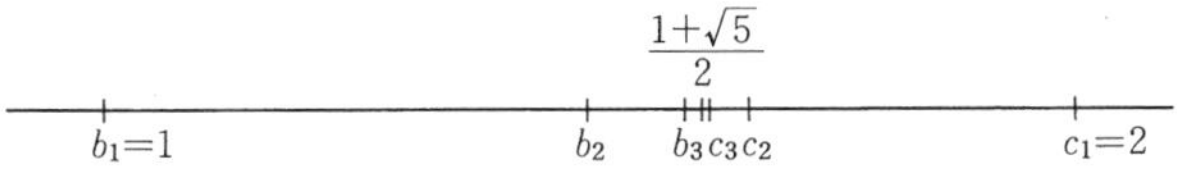

$\frac{1+\sqrt{5}}{2}$　$b_1=1$　b_2　$b_3\,c_3\,c_2$　$c_1=2$

図 1.3　数列 $\{b_n\}, \{c_n\}$ の極限としての $\dfrac{1+\sqrt{5}}{2}$

問 22　(1.6)を利用して(1.18), (1.19)を証明せよ.

すべての実数は，上のような操作によって得られる．つまり，有理数の単調増大列 $\{b_n\}_{n=1}^{\infty}$，減少列 $\{c_n\}_{n=1}^{\infty}$ が，(1.18)-(1.21)をみたしているとき，$\lim_{n\to\infty} b_n$，$\lim_{n\to\infty} c_n$ は存在して互いに等しい．そして，

$$\alpha = \lim_{n\to\infty} b_n = \lim_{n\to\infty} c_n \tag{1.22}$$

が成立する実数 α がある．もうひとつの例を考えてみよう．

例 1.22

$$b_n = 1-\frac{1}{2}+\cdots+\frac{1}{2n-1}-\frac{1}{2n}, \quad c_n = 1-\frac{1}{2}+\cdots+\frac{1}{2n-1}$$

とおくとき，$b_n \leqq b_{n+1} \leqq c_{n+1} \leqq c_n$，$\lim_{n\to\infty}(c_n-b_n) = \lim_{n\to\infty} 1/(2n) = 0$ だから，(1.18)-(1.21)をみたす．したがって，$\{b_n\}, \{c_n\}$ は収束する．すなわち，

$$\alpha = \lim_{n\to\infty} b_n = \lim_{n\to\infty} c_n = 1-\frac{1}{2}+\frac{1}{3}-\frac{1}{4}+\cdots$$

となる値 α が定まる．$\alpha = \log 2 = 0.6931471\cdots$ であることが後に示される(式(4.20)参照)．　□

問 23　$1-1/3+1/5-1/7+\cdots$ が収束することを示せ．(この値は，後に示すように，$\pi/4$ に等しい．(4.21)を参照．)

数列 $\{a_n\}_{n=1}^{\infty}$ が，ある M に対してつねに $a_n \leqq M$ をみたすとき，$\{a_n\}_{n=1}^{\infty}$ は，上に有界であると言う．同様に，ある L に対して $a_n \geqq L$ をみたすとき，$\{a_n\}_{n=1}^{\infty}$ は，下に有界であると言う．M, L は，それぞれ，**上界**(upper bound)，**下界**(lower bound)と言う．$\{a_n\}_{n=1}^{\infty}$ が上にも下にも有界であるとき，単に有界であると言う．

命題 1.23　収束する数列 $\{a_n\}$ は，有界である．　□

例えば，$a_n = 1-1/3+1/3^2+\cdots+(-1)^{n-1}1/3^{n-1}$ は，$\lim_{n\to\infty} a_n = 3/4$ であるが，$1-(-1/3)^n \leqq 2$ に注意すれば，

$$0 \leqq a_n = \frac{1-(-1/3)^n}{1+1/3} \leqq \frac{3}{4}\cdot 2 = \frac{3}{2}$$

であるので，上にも下にも有界である．

(b)　数列の上限，下限

(1.18)–(1.21)をみたす任意の実数列 $\{b_n\}, \{c_n\}$ が与えられたとき，ある実数 α が存在して(1.22)をみたす．つまり，(1.18)–(1.21)の操作で得られる極限値(1.22)は，実数の中に再び見出される．このことが実数を特徴づける基本的な性質なのである．

実数の特性は，いろいろ別の形で言い表すことができる．これらについては『現代解析学への誘い』でよりくわしく論じられているが，ここではごく簡単に述べる．

実数の性質は次の命題で言い表される．

命題 1.24　単調増加で上に有界な数列は収束する．単調減少で下に有界な数列は収束する．　□

例えば，上記(a)の冒頭の数列 $b_1=1$, $b_2=3/2$, $b_3=8/5$, $\cdots$ は，増加列であって，$b_n \leqq 2$ であるから，命題 1.24 によれば，$\{b_n\}$ は収束する．この値が $\dfrac{1+\sqrt{5}}{2}$ に等しい．

例 1.25　$a_n = 1+1/2^2+\cdots+1/n^2$ は，$1/n^2 \leqq 1/n(n-1) = 1/(n-1)-1/n$ であるから，

$$a_n \leqq 1+\left(1-\frac{1}{2}\right)+\cdots+\left(\frac{1}{n-1}-\frac{1}{n}\right) = 2-\frac{1}{n} \leqq 2,$$

また，$a_n \leqq a_{n+1}$ より $\lim_{n\to\infty} a_n$ は収束する．この値は $\pi^2/6$ に等しい(『微分と積分 2』§5.4 をみよ)．すなわち，

$$\sum_{n=1}^{\infty} \frac{1}{n^2} = \frac{\pi^2}{6}.$$

□

数列に対して，上限，下限という概念がある．

定義 1.26　数列 $\{a_n\}_{n=1}^{\infty}$ に対して，次の条件をみたす実数 α を，$\{a_n\}_{n=1}^{\infty}$ の**上限**(supremum)と言う．

(i)　すべての n に対して，$a_n \leqq \alpha$．

(ii)　γ が $\{a_n\}$ の上界ならば，つまり，どんな n に対しても $a_n \leqq \gamma$ ならば，$\alpha \leqq \gamma$ が成り立つ．

すなわち，α は $\{a_n\}_{n=1}^{\infty}$ の上界の最小値である．

同様にして，$\{a_n\}_{n=1}^{\infty}$ の**下限**(infimum) β も定義される．上限，下限を

$$\alpha = \sup_{n \geqq 1} a_n, \quad \beta = \inf_{n \geqq 1} a_n$$

などと記す(しばしば $n \geqq 1$ を省くこともある)．なお，$\{a_n\}$ が上に有界でなければ $\sup a_n = \infty$，下に有界でなければ $\inf a_n = -\infty$ と約束する．□

定義からわかるように，すべての n について $a_n \leqq M$ ならば，$\sup a_n \leqq M$ である．また，$a_n \leqq b_n$ ならば，$\sup a_n \leqq \sup b_n$ である．

$\{a_n\}$ が上に有界な単調増大列ならば，$\lim\limits_{n\to\infty} a_n = \sup\limits_{n\geqq 1} a_n$ であり，$\{a_n\}$ が下に有界な単調減少列ならば，$\lim\limits_{n\to\infty} a_n = \inf\limits_{n\geqq 1} a_n$ である．

ある番号 m があって，すべての n について $a_n \leqq a_m$ をみたすとき a_m は $\{a_n\}$ の**最大値**(maximum)であると言う．同様に，すべての n について $a_n \geqq a_m$ をみたすとき a_m は $\{a_n\}$ の**最小値**(minimum)であると言う．

$\{a_n\}$ の最大値を $\max\limits_{n\geqq 1} a_n$，最小値を $\min\limits_{n\geqq 1} a_n$ と表す．もしも最大値があれば $\max\limits_{n\geqq 1} a_n = \sup\limits_{n\geqq 1} a_n$，また，最小値があれば $\min\limits_{n\geqq 1} a_n = \inf\limits_{n\geqq 1} a_n$ である．

しかし，上に有界な数列が必ず最大値を持つとは限らない．例えば，数列 $a_n = 1-1/n$ $(n=1,2,3,\cdots)$ の上限は1であるが，どのような n に対しても $a_n < 1$ となるから，$\{a_n\}$ は最大値を持たない．

命題1.24から，次の命題が従う．

命題 1.27　上に有界な数列 $\{a_n\}$ は，上限 $\sup a_n$ を持つ．同様に，下に有界な数列は下限 $\inf a_n$ を持つ．

[証明]　$\{a_n\}$ は上に有界な数列とする．$\max\limits_{1\leqq n\leqq N} a_n = b_N$ とおくとき，数列 $\{b_n\}$ は有界で単調増加．命題1.24より $\{b_n\}$ が収束する．この極限値が $\{a_n\}$

の上限を与える．

下に有界な場合も同様に示される． ∎

次の命題も同様な方針で証明されるが，証明は省略する．

命題 1.28　上限，下限について，次の関係が成り立つ．

(i)　$\sup(a_n+b_n) \leqq \sup a_n + \sup b_n$

(ii)　$\inf(a_n+b_n) \geqq \inf a_n + \inf b_n$

(iii)　$\sup \gamma a_n = \gamma \sup a_n \quad (\gamma \geqq 0)$

(iv)　$\sup(-a_n) = -\inf a_n$ □

問 24　次の数列の上限，下限を求めよ．

(1)　$a_n = \dfrac{c^n - c^{-n}}{c^n + c^{-n}} \quad (c>0)$　　(2)　$a_n = \sin \dfrac{n\pi}{3}$

$n \to \infty$ のとき $\{a_n\}$ が必ずしも収束しない場合でも極限値に準ずる概念を次のように定義することができる．

$\{a_n\}$ が有界のとき，

$$A_N = \sup_{n \geqq N} a_n$$

とおくと，数列 $\{A_N\}$ は単調減少でかつ下に有界である．したがって $\lim_{N\to\infty} A_N$ が収束する．この値は $\{a_n\}$ が収束するときには，$\{a_n\}$ の極限値に等しい．

$\lim_{N\to\infty} A_N$ の値を $\{a_n\}$ の**上極限**(superior limit)と言い，

$$\limsup_{n\to\infty} a_n \quad \text{あるいは} \quad \varlimsup_{n\to\infty} a_n$$

と書く．

同様にして $B_N = \inf_{n \geqq N} a_n$ とおくと，数列 $\{B_N\}$ は単調増大かつ上に有界である．ゆえに $\lim_{N\to\infty} B_N$ は収束する．この値を $\{a_n\}$ の**下極限**(inferior limit)と言い，

$$\liminf_{n\to\infty} a_n \quad \text{あるいは} \quad \varliminf_{n\to\infty} a_n$$

と書く．$B_N \leqq A_N$ であるから，つねに

$$\varliminf_{n\to\infty} a_n \leqq \varlimsup_{n\to\infty} a_n$$

が成り立つ.

なお，$\{a_n\}$ が上に有界でないならば，つねに $A_N=\infty$ であるが，このときは $\{a_n\}$ の上極限は ∞ と考える．同様に，$\{a_n\}$ が下に有界でないならば，つねに $B_N=-\infty$ であって $\{a_n\}$ の下極限は $-\infty$ と考えるのである.

命題 1.29　$\{a_n\}$ が収束するならば

$$\varliminf_{n\to\infty} a_n = \varlimsup_{n\to\infty} a_n \tag{1.23}$$

であり，この値は $\lim_{n\to\infty} a_n$ に等しい．逆に，(1.23)が成り立ち，かつこの値が有限であれば，$\{a_n\}$ は収束する. □

例 1.30　$a_n=((-1)^n+1)/2\ (n\geqq 0)$ とする．このとき，$A_N=\sup_{n\geqq N} a_n=1$ である．また，$B_N=\inf_{n\geqq N} a_n=0$ である．したがって，$\varlimsup_{n\to\infty} a_n=1$，$\varliminf_{n\to\infty} a_n=0$ である．このときは，$\{a_n\}$ は振動することを示している. □

問 25　次の数列の上極限，下極限を求めよ.

(1)　$a_n=1+\dfrac{(-1)^n}{n}\quad (n\geqq 1)$　　(2)　$a_n=n\left|\sin\dfrac{n\pi}{2}\right|\quad (n\geqq 1)$

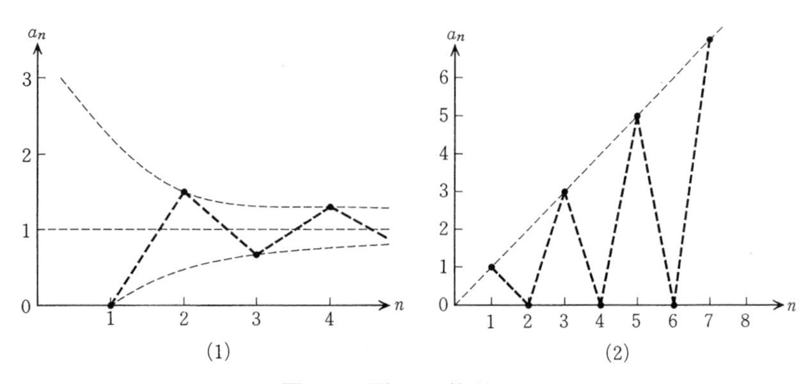

図 1.4　問 25 の数列 $\{a_n\}$

(c) コーシーの判定法

与えられた数列が収束するかどうかを調べる際にしばしば利用されるのが，次に述べる**コーシー(Cauchy)の判定法**である．

定義 1.31 $\{a_n\}_{n=1}^{\infty}$ が，n, m を同時に大きくするとき

$$\lim_{n,m\to\infty}(a_n - a_m) = 0$$

をみたすならば，すなわち，どんな正整数列 $\{p_n\}$ を選んでも

$$\lim_{n\to\infty}(a_n - a_{n+p_n}) = 0$$

となっているならば，$\{a_n\}_{n=1}^{\infty}$ はコーシー列であると言う．

もっと厳密に述べる場合は，次のように言いかえられる．

任意の $\varepsilon > 0$ に対して，$m, n \geqq N$ ならば，

$$|a_n - a_m| < \varepsilon \tag{1.24}$$

となっているような適当な番号 N を選ぶことができる． □

まず次の事実が成り立つ．

命題 1.32 収束する数列はつねにコーシー列である．

[証明] 実際に，$\lim_{n\to\infty} a_n = \alpha$ とすれば，$\lim_{n,m\to\infty}(a_n - a_m) = \alpha - \alpha = 0$ となる． ∎

ところが，実数の性質としてこの逆が成り立つ．

定理 1.33 (コーシーの判定法) コーシー列 $\{a_n\}_{n=1}^{\infty}$ は収束する． □

次の例で定理 1.33 の説明をしよう．

例 1.34 x を勝手な実数とする．

$$a_n = 1 + x + \frac{x^2}{2!} + \cdots + \frac{x^n}{n!}$$

とおくと，$\lim_{n\to\infty} a_n$ は収束する．実際，N を十分大きくとれば，$1+N > 2|x|$．このとき，どんな正整数 p に対しても

$$\left|\frac{x^{N+1}}{(N+1)!}+\cdots+\frac{x^{N+p}}{(N+p)!}\right| \leqq \frac{|x|^{N+1}}{(N+1)!}\left(1+\frac{|x|}{N+1}+\cdots+\frac{|x|^{p-1}}{(N+1)^{p-1}}\right)$$
$$\leqq \frac{|x|^{N+1}}{(N+1)!}\frac{1}{1-|x|/(N+1)} \leqq 2\frac{|x|^{N+1}}{(N+1)!}.$$

ゆえに，任意の正整数列 $\{p_n\}$ に対して $p=p_N$ のとり方によらず $\lim_{N\to\infty}|a_{N+p}-a_N|\to 0$. コーシーの判定法により，$\lim_{n\to\infty} a_n$ は収束する． □

この極限値を $f(x)$ とおくと，$f(0)=1$. $f(1)$ を**ネピア**(Napier)**数**あるいは**自然対数の底**と言い，e で表す．すなわち，

$$e = 1+\frac{1}{1!}+\frac{1}{2!}+\frac{1}{3!}+\cdots = 2.718281828\cdots.$$

問 26　例 1.34 の a_n の値を $n=5,6,7$ のときに，小数展開で求めて近似値を計算し，上記 e の小数展開と比較せよ．

問 27　例 1.34 にならって，

$$\sum_{m=0}^{\infty}\frac{x^{2m}}{(2m)!}, \qquad \sum_{m=0}^{\infty}\frac{x^{2m+1}}{(2m+1)!}$$

は収束することを確かめよ．また，その極限値を上記 $f(x)$ を用いて表せ．

超越数

π, e はどちらも有理数ではない．$\sqrt{2}, \sqrt[3]{2/3}$ などは有理数ではないが，それぞれ，整数を係数とする 2 次，3 次の方程式 $x^2-2=0$, $3x^3-2=0$ の根になっている．このような数は代数的数と呼ばれている．有理数も，整数を係数とする 1 次方程式 $px-q=0$（p,q は整数，$p\neq 0$）の根として表されるので，代数的数である．ところが，実数はこのような代数的数で尽くされるのではなく，代数的数でない数も多く存在する．代数的数でない数は超越数という．π や e は超越数であることが知られている．

e の超越性は 1873 年，エルミート(C. Hermite)によって，π の超越性は 1882 年，リンデマン(C. Lindemann)によって証明された．

コーシー列についての厳密な解説は，この定理の証明を含めて『微分と積分 2』『現代解析学への誘い』でくわしく述べられている．

(d)　指数関数

ネピア数 e は，極限値 $\lim_{n\to\infty}(1+1/n)^n$ にも等しい．この項では，この事実を示し指数関数 e^x を導入する．

命題 1.35

$$\lim_{n\to\infty}\left(1+\frac{x}{n}\right)^n=\sum_{r=0}^{\infty}\frac{x^r}{r!}\quad(-\infty<x<\infty)\tag{1.25}$$

が成り立つ．すなわち，左辺の極限値は例 1.34 における $f(x)$ に等しい．

［証明］　はじめ，$x\geqq 0$ と仮定する．2 項定理により，

$$\left(1+\frac{x}{n}\right)^n=1+x+\cdots+\frac{n(n-1)\cdots(n-r+1)}{r!}\cdot\left(\frac{x}{n}\right)^r+\cdots+\left(\frac{x}{n}\right)^n.\tag{1.26}$$

ここで，

$$\frac{n(n-1)\cdots(n-r+1)}{r!}\left(\frac{x}{n}\right)^r=\frac{x^r}{r!}\left(1-\frac{1}{n}\right)\cdots\left(1-\frac{r-1}{n}\right)\leqq\frac{x^r}{r!}.$$

ゆえに，

$$\left(1+\frac{x}{n}\right)^n\leqq 1+x+\cdots+\frac{x^n}{n!}\leqq\sum_{r=0}^{\infty}\frac{x^r}{r!}.\tag{1.27}$$

一方，$r=2,3,\cdots,n$ のとき

$$\left(1-\frac{1}{n}\right)\cdots\left(1-\frac{r-1}{n}\right)\leqq\left(1-\frac{1}{n+1}\right)\cdots\left(1-\frac{r-1}{n+1}\right)$$

に注意すれば，(1.26) より

$$\left(1+\frac{x}{n}\right)^n\leqq\left(1+\frac{x}{n+1}\right)^{n+1}.$$

ゆえに $\{(1+x/n)^n\}$ は上に有界な単調増加数列であるから収束する．そして

$$\lim_{n\to\infty}\left(1+\frac{x}{n}\right)^n\leqq\sum_{r=0}^{\infty}\frac{x^r}{r!}.\tag{1.28}$$

他方，自然数 N を任意に1つ固定すると，$n \geqq N$ ならば，

$$\left(1+\frac{x}{n}\right)^n \geqq \sum_{0 \leqq r \leqq N}\left(1-\frac{1}{n}\right)\cdots\left(1-\frac{r-1}{n}\right)\frac{x^r}{r!}.$$

ここで，$n \to \infty$ とすると，

$$\lim_{n\to\infty}\left(1+\frac{x}{n}\right)^n \geqq \sum_{r=0}^{N}\frac{x^r}{r!}. \qquad (1.29)$$

よって，$N \to \infty$ として

$$\lim_{n\to\infty}\left(1+\frac{x}{n}\right)^n \geqq \sum_{r=0}^{\infty}\frac{x^r}{r!}.$$

したがって(1.27),(1.29)より(1.25)が成り立つ．

$x<0$ のときは，次のように証明する．f_n, g_n は，(1.25)においてそれぞれ，r が偶数，奇数のみの和をとったものとすれば，(1.26)は

$$\left(1+\frac{x}{n}\right)^n = f_n + g_n$$

と分けられる．$f_n \geqq 0$, $g_n \leqq 0$ である．$x \geqq 0$ のときと同様にして，

$$\lim_{n\to\infty} f_n = \sum_{m=0}^{\infty}\frac{x^{2m}}{(2m)!}, \quad \lim_{n\to\infty} g_n = \sum_{m=0}^{\infty}\frac{x^{2m+1}}{(2m+1)!}$$

が示せるから(1.25)が成り立つ．∎

(1.25)より，特に

$$e = \lim_{n\to\infty}\left(1+\frac{1}{n}\right)^n. \qquad (1.30)$$

定義1.36　関数(1.25)を，x の**指数関数**と呼び，e^x と書く．あるいは $\exp(x)$ とも表す．すなわち

$$e^x = \sum_{r=0}^{\infty}\frac{x^r}{r!} \quad (-\infty < x < \infty). \qquad (1.31)$$

□

指数関数の最も重要な性質は乗法性を示す指数法則である．指数法則を証明するために，まず次の補題を証明する．

補題1.37　$\lim_{n\to\infty} x_n = 0$ ならば

$$\lim_{n\to\infty}\left(1+\frac{x_n}{n}\right)^n=1.$$

［証明］　まず，(1.26)より

$$a_n=\left(1+\frac{x_n}{n}\right)^n=\sum_{r=0}^{n}\frac{n(n-1)\cdots(n-r+1)}{r!}\left(\frac{x_n}{n}\right)^r$$

いま，n を十分大きくとって，$|x_n|\leqq 1$ となっているものとする．

$$\sum_{r=1}^{n}\left|\frac{n(n-1)\cdots(n-r+1)}{r!}\left(\frac{x_n}{n}\right)^r\right|\leqq|x_n|\sum_{r=1}^{\infty}\frac{1}{r!}=|x_n|(e-1)$$

であるから，$|a_n-1|\leqq(e-1)|x_n|$．よって，$\lim_{n\to\infty}a_n=1$． ∎

例 1.38　任意の実数 a に対して

$$\lim_{n\to\infty}\left(1-\frac{a^2}{n^2}\right)^n=1.$$

すなわち，

$$1=\lim_{n\to\infty}\left(1-\frac{a^2}{n^2}\right)^n=\lim_{n\to\infty}\left(1-\frac{a}{n}\right)^n\left(1+\frac{a}{n}\right)^n=e^ae^{-a}.$$

したがって，$e^{-a}=\dfrac{1}{e^a}\neq 0$． □

定理 1.39（指数法則）　任意の実数 a,b に対して，

$$e^{a+b}=e^ae^b,\quad e^0=1 \tag{1.32}$$

が成り立つ．

［証明］　数列 $\{x_n\}$ を

$$\frac{1+(a+b)/n}{(1+a/n)(1+b/n)}=1+\frac{x_n}{n}$$

により定めると，$\lim_{n\to\infty}x_n=0$ である．したがって，補題 1.37 より

$$\lim_{n\to\infty}\left(\frac{1+(a+b)/n}{(1+a/n)(1+b/n)}\right)^n=\lim_{n\to\infty}\left(1+\frac{x_n}{n}\right)^n=1$$

よって，$e^{a+b}/(e^a\cdot e^b)=1$，すなわち，

$$e^{a+b}=e^a\cdot e^b,\quad e^0=1.$$

これが，e^x の指数法則である．∎

問28　$(e^a)^n = e^{na}$ を示せ．

問29

$$e^{-1} = \frac{1}{e} = \frac{1}{2!} - \frac{1}{3!} + \frac{1}{4!} - \cdots$$

の近似値 $a_n = \frac{1}{2!} - \frac{1}{3!} + \cdots + (-1)^n \frac{1}{n!}$ に対して，$|e^{-1} - a_n| \leqq 1/(n+1)!$ を示せ．

問30　次を示せ．

$$e^{-x^2} = \lim_{n\to\infty}\left[\left(1+\frac{x}{\sqrt{n}}\right)\left(1-\frac{x}{\sqrt{n}}\right)\right]^n.$$

例題 1.40　$a > 0$ のとき，任意の非負整数 k に対して，次を示せ．

$$\lim_{n\to\infty} \frac{e^{na}}{n^k} = \infty. \tag{1.33}$$

［解］

$$e^{na} = \sum_{r=0}^{\infty} \frac{1}{r!}(na)^r$$

であるから，

$$\frac{e^{na}}{n^k} > \frac{(na)^{k+1}}{(k+1)!\,n^k} = \frac{a^{k+1}n}{(k+1)!}\,.$$

最後の項は，$n \to \infty$ のとき，∞ に発散するので(1.33)が成り立つ．∎

§1.4　連続関数

変数とともに連続的に変化する関数とは，直観的に，また論理的にどのように定義されるかをみる．そして，中間値の定理，最大・最小値の存在など，その固有の性質について学ぶ．指数関数の逆関数として対数関数 $\log x$ を導入する．

(a) 関　数

x が $\mathbb{R}$ の部分集合 X の元であることを $x \in X$ で表す．X, Y が $\mathbb{R}$ の部分集合で，X の元がいつも Y の元になっているとき，X は Y に含まれると言い，$X \subset Y$ で表す．

$a, b\ (a \leqq b)$ が与えられたとき，$a \leqq x \leqq b$ をみたす x の全体を端点 a, b の閉区間と言い，$[a, b]$ で表す．閉区間 $[a, b]$ の各元 x に対して，ある実数 $f(x)$ が対応しているとき，$f(x)$ を $[a, b]$ 上の(実数値)**関数**と言い，$f\colon [a, b] \to \mathbb{R}$ と書く．このとき，$[a, b]$ をこの関数の**定義域**と言う．例えば，

$$f(x) = x+1 \quad (1 \leqq x \leqq 3),$$
$$f(x) = x^3 - x \quad (-1 \leqq x \leqq 1)$$

はそれぞれ，定義域が $[1, 3]$, $[-1, 1]$ の多項式で表される関数であり，

$$f(x) = \frac{1}{x} \quad (1 \leqq x \leqq 2),$$
$$f(x) = \sqrt{(b-x)(x-a)} \quad (a \leqq x \leqq b)$$

はそれぞれ，定義域が $[1, 2]$, $[a, b]$ の分数式，無理式で表される関数である．

以後，関数の記号は，単に f と書くこともある．

関数の定義域は，閉区間 $[a, b]$ に限らず，開区間 $(a, b) = \{x \mid a < x < b\}$ や，半開区間 $(a, b]$, $[a, b)$ などでもよい．(a, b) の点は $[a, b]$ の内点であると言う．$(-\infty, \infty)$ は $\mathbb{R}$ と同一視される．

例 1.41 (3 角関数)　単位円周の円弧の長さを用いて角度を表す方法がある．次にその方法について説明しよう．円周あるいは円弧の長さは，円に内接する(または外接する)多角形の辺の数をかぎりなく大きくしていくとき，その多角形の周の極限値として定義される．

いま，xy 平面内の単位円周 $x^2+y^2=1$ の 2 点 $S=(1, 0)$, $P=(x, y)$ を結ぶ弧の長さ $\overset{\frown}{SP}$ は，

$$\theta = \overset{\frown}{SP}$$

で与えられるものとする．P が S から出発して正の向き(反時計回り)に動

くときθは正と考え，負の向きに動くときはθは負と考える．逆にθを与えれば，点Pが決まる．そこで以下，円弧$\widehat{SP}$を見込む角度として，通常の角度のかわりにθを用いて表示する．例えば，角度60°は$\pi/3$，90°は$\pi/2$，360°は2πで表す．この表示法を**弧度法**という．

点Pのx,y座標は$\widehat{SP}$の関数とみることができ，これらを各々

$$x=\cos\theta,\quad y=\sin\theta$$

と表す．$0\leqq\theta\leqq\pi/2$のとき，つねに$y\leqq\widehat{SP}$であるから，不等式

$$0\leqq\sin\theta\leqq\theta \tag{1.34}$$

が成り立つ．

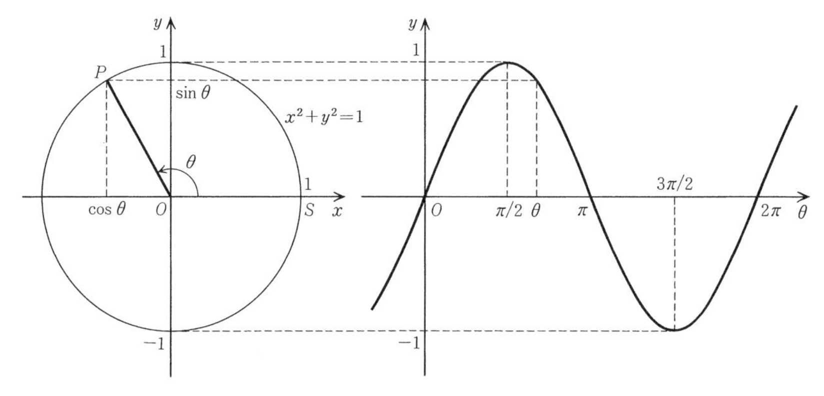

図 1.5　3角関数 ($y=\sin\theta$)

Pが正の方向に円周を1周するときは，θは2πに等しく，負の方向に1周するときは，θは-2πに等しいと考える．さらに，Pが正または負の方向に何回も回転する場合も考えて，θは$-\infty$から∞まですべての値をとるものと考える．$\cos\theta, \sin\theta$は$-\infty<\theta<\infty$で定義された周期2πの周期関数になっている．

$$\cos(\theta+2\pi)=\cos\theta,\quad \sin(\theta+2\pi)=\sin\theta.$$

$\cos\theta, \sin\theta$をそれぞれ，余弦関数，正弦関数と言う．また，

$$\tan\theta = \frac{y}{x} = \frac{\sin\theta}{\cos\theta}, \quad \cot\theta = \frac{\cos\theta}{\sin\theta}$$

を正接関数，余接関数と呼ぶ．$\tan\theta$ は $\theta \neq \pm\pi/2, \pm 3\pi/2, \pm 5\pi/2, \cdots$ のとき，$\cot\theta$ は $\theta \neq 0, \pm\pi, \pm 2\pi, \cdots$ のとき定義されている． □

例 1.42

$$f(x) = \frac{1}{x-1}$$

この関数の定義域は，$\{x \in \mathbb{R} \mid x \neq 1\}$ ($x \neq 1$ なる実数の集合を表す)． □

例 1.43 x を超えない最大の整数を $[x]$ で表すとき，

$$f(x) = x - [x]$$

は，実数全体 $(-\infty, \infty)$ で定義された関数である． □

例 1.44

$$f(x) = \begin{cases} 1 & (x \geqq 0) \\ 0 & (x < 0) \end{cases}$$

この $(-\infty, \infty)$ で定義された関数をヘビサイド(Heaviside)関数と言う． □

注意 1.45 今後，定義域が明らかな場合これを省いて書かないこともある．

一般に，関数 $f(x)$ の定義域を x が動くとき，座標平面上で，点 $(x, f(x))$ が作る図形を，関数 $f(x)$ の**グラフ**と言う．

問 31 $f(x) = \dfrac{1}{x-1} - \dfrac{1}{x}$ $(x \neq 0, 1)$ のグラフを描け．

放物線 $y = x^2$ を，直線 $y = x$ に関して折り返して得られる放物線は，$x = y^2$，つまり，$y = \pm\sqrt{x}$ である．しかし，$f(x) = \pm\sqrt{x}$ $(x \geqq 0)$ は，半区間 $[0, \infty)$ で定義されているが，$x = 0$ を除いて，2 つの値をとる．このように，2 つ以上の値をとるときも関数と考えて，これを多価関数と言う．これに対して，ただ 1 つの $f(x)$ の値が対応しているとき，$f(x)$ を 1 価関数と言う．

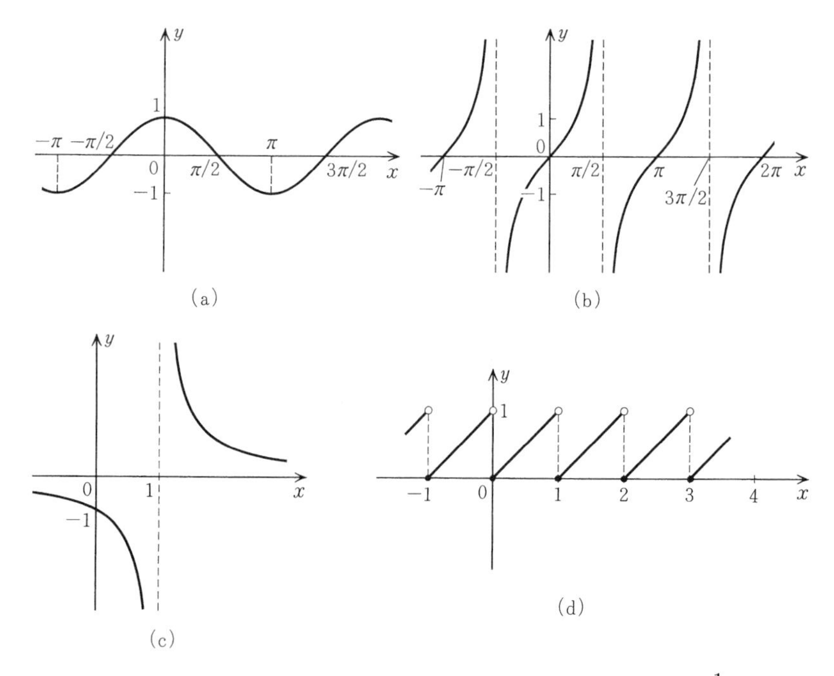

図 1.6 (a) $y=\cos x$ のグラフ, (b) $y=\tan x$ のグラフ, (c) $y=\dfrac{1}{x-1}$ のグラフ, (d) $y=x-[x]$ のグラフ.

以下, 単に関数と言うときには, 1 価関数に限ることにする.

(b) 合成関数と逆関数

関数 $f(x)$ の定義域を x が動くときに, $f(x)$ の値が動く範囲を関数 $f(x)$ の**値域**と言う. 関数 $f(x)$ $(x\in[a,b])$ の値域が, $[c,d]$ に含まれているとき, $f\colon [a,b]\to[c,d]$ と書く. もう 1 つの関数 $g\colon [c,d]\to\mathbb{R}$ があるとき, $[a,b]$ 上で定義された新しい関数 $h(x)=g(f(x))$ が得られる. $h(x)$ を, f の g による(あるいは f と g との)**合成関数**(composite function)と言い, $h=g\circ f$ と表す. つまり,

$$(g\circ f)(x)=g(f(x))\quad (x\in[a,b]).$$

例 1.46

$$h(x) = (ax+b)^n$$

は，$f(x)=ax+b$ と $g(x)=x^n$ との合成関数である．

$$h(x) = \frac{1}{x+1} \quad (x \neq -1)$$

は，$f(x)=x+1$ と $g(x)=1/x$ との合成関数である．

$$h(x) = e^{x^2}$$

は，$f(x)=x^2$ と $g(x)=e^x$ との合成関数である．　□

問 32　一般に $f \circ g = g \circ f$ が成り立たないことを例 1.46 で確かめよ．

例題 1.47　$f(x)=(ax+b)/(cx+d)$ の $g(x)=(a'x+b')/(c'x+d')$ による合成関数をもとめよ．

[解]

$$g(f(x)) = \frac{a'(ax+b)/(cx+d)+b'}{c'(ax+b)/(cx+d)+d'} = \frac{a'(ax+b)+b'(cx+d)}{c'(ax+b)+d'(cx+d)}$$

$$= \frac{(a'a+b'c)x+(a'b+b'd)}{(c'a+d'c)x+(c'b+d'd)}.$$

■

例 1.48

$$f(x) = \sqrt{1+x} \quad (x \geqq -1)$$

のとき，$(f \circ f)(x) = \sqrt{1+\sqrt{1+x}}$ $(x \geqq -1)$．

$$f(x) = 4x(1-x) \quad (0 \leqq x \leqq 1)$$

のとき，$(f \circ f)(x) = 16x(1-x)(1-2x)^2$．　□

問 33　上の例で，$(f \circ f)(\sin^2\theta)$ を求めよ．

一般に，関数 $f\colon [a,b] \to \mathbb{R}$ に対して，“$f(x_1)=f(x_2)$ ならば，$x_1=x_2$” が成り立っているとき，f は 1 対 1 の写像である，または，単射(injective)であると言う．また，“$f\colon [a,b] \to [c,d]$ のとき，$[c,d]$ の任意の元 y に対して，

$f(x)=y$ となる $[a,b]$ の元が存在する" ならば，f は $[a,b]$ から $[c,d]$ の上への(onto)写像である，または，全射(surjective)であると言う．関数 f が単射かつ全射なるとき，f は全単射(bijective)であると言う．関数 $f\colon [a,b]\to[c,d]$ が全単射であれば，$[c,d]$ の任意の元 y に対して，$f(x)=y$ となる $[a,b]$ の元 x がただ1つ存在する．y に対して，この値 x を対応させる関数を $x=g(y)$ とおくと，

$$(g\circ f)(x)=x \quad (a\leqq x\leqq b),$$
$$(f\circ g)(y)=y \quad (c\leqq y\leqq d)$$

が成り立つ．つまり，$g\circ f$ は $[a,b]$ から自分自身への恒等写像であり，$f\circ g$ は $[c,d]$ から自分自身への恒等写像である．このとき，$g\colon [c,d]\to[a,b]$ は，f の**逆関数**であると言い，

$$g=f^{-1}$$

と表すことがある．しかし本書では，以後逆関数の記号としての f^{-1} は使用しない．

例 1.49　$y=f(x)=x^2$ $(0\leqq x\leqq 1)$ の逆関数は $x=g(y)=\sqrt{y}$ $(0\leqq y\leqq 1)$ である．　□

例 1.50

$$y=f(x)=\sin x \quad (-\pi/2\leqq x\leqq \pi/2).$$

このときには，$f\colon [-\pi/2,\pi/2]\to[-1,1]$ は全単射である．この逆関数を，$x=\arcsin y$ $(y\in[-1,1])$ と書き，逆正弦関数と言う．

また，$y=f(x)=\cos x$ $(x\in[0,\pi])$ の逆関数を，$x=\arccos y$ $(y\in[-1,1])$ と書き，逆余弦関数と言う．　□

図1.7は x と y を入れ替えて描いた $y=\arcsin x$，$y=\arccos x$ のグラフである．

問 34　$\arcsin(1/\sqrt{2})$, $\arccos(\sqrt{3}/2)$ を求めよ．

例 1.51　正接関数

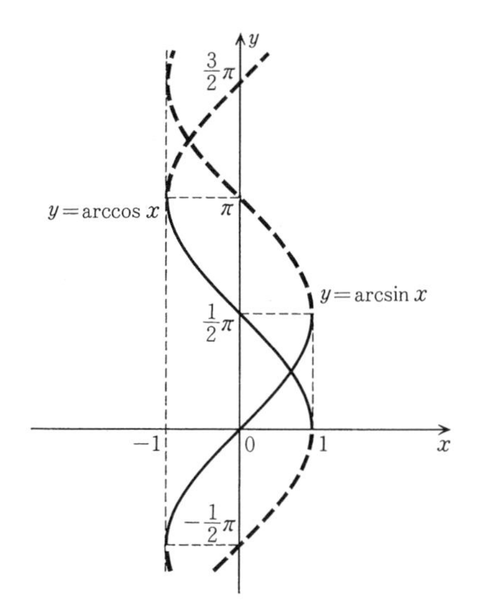

図 1.7　$y=\arcsin x$ と $y=\arccos x$ のグラフ

$$y=f(x)=\tan x \quad (-\pi/2<x<\pi/2).$$

この逆関数を，$x=g(y)=\arctan y$ $(y\in(-\infty,\infty))$ と書き，逆正接関数と言う． □

一般に，関数 $y=f(x)$ の逆関数 $x=g(y)$ のグラフを，y を横軸に，x を縦軸にとって描くと，$y=f(x)$ のグラフを直線 $y=x$ に関して折り返したものになる(図 1.8)．

問 35　$y=\arctan x$ $(x\in(-\infty,\infty))$ のグラフを描け．

(c) 関数の連続性

§1.2 で数列の極限を考えたが，関数の値についても極限を考えることができる．$f(x)$ は区間 $[a,b]$ で定義されているものとし，$[a,b]$ の元 c を固定する．いま，$h>0$ の範囲で，h を限りなく 0 に近づけるとき，$f(c+h)$ の極限

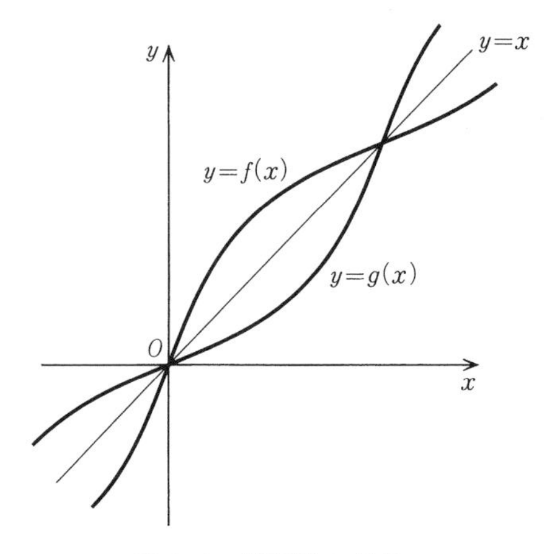

図 1.8　逆関数のグラフ

値が存在するならば，これを右極限値と言い，$\lim_{h\downarrow 0} f(c+h)$ あるいは $f(c+0)$ と記す．$\lim_{h\downarrow 0}$ は $h>0$ の範囲で $h\to 0$ の極限をとるという意味である．右極限値 $f(c+0)$ が存在するとき，正数 h_1, h_2 を同時に 0 に近づけると

$$\lim_{h_1, h_2\downarrow 0} |f(c+h_1)-f(c+h_2)| = 0 \tag{1.35}$$

となるが，逆に，(1.35)が成り立てば，$\lim_{h\downarrow 0} f(c+h)$ は存在することがわかる．これは定理 1.33 のコーシーの判定法を連続変数の場合に言い換えたものである．

同様に，$h<0$ の範囲で，h を限りなく 0 に近づけるとき，$f(c+h)$ の極限値が存在するならば，これを左極限値と言い，$\lim_{h\uparrow 0} f(c+h)$ あるいは $f(c-0)$ と記す．もしも $f(c+0)=f(c)$ ならば，関数 f は c で右連続であると言う．他方，$f(c-0)=f(c)$ ならば，関数 f は c で左連続であると言う．f が c で，右連続かつ左連続ならば，f は c で，**連続である**と言う．このとき

$$\lim_{h\to 0} f(c+h) = f(c)$$

と記す．ただし，c が区間 $[a,b]$ の左の端点 a のときは，f が a で右連続ならば，f は a で連続，f が右の端点 b で左連続ならば，f は b で連続であると言う．

注意 1.52 もっと厳密に言うならば，連続性の定義は次のように述べることができる．

どんなに 0 に近い正数 ε に対しても，ある正数 δ (ε によって決まる)が存在して，

$$|h| \leqq \delta \quad \text{ならば} \quad |f(c+h)-f(c)| < \varepsilon$$

となっているとき，$f(x)$ は c で連続である．右連続，左連続も同様に定義される．すべての c について，$f(x)$ が c で連続ならば，$f(x)$ は $[a,b]$ 上でいたるところ連続であると言う．

しかし，この定義を用いたより厳密な連続性についての解説は『微分と積分 2』『現代解析学への誘い』で行なわれているので，ここではこれ以上立ち入らない．

例題 1.53 $n=0,1,2,3,\cdots$ のとき

$$f(x) = x^n \quad (x \in (-\infty, \infty))$$

は，任意の点 c で連続である．

［解］

$$\begin{aligned} f(c+h)-f(c) &= (c+h)^n - c^n \\ &= \binom{n}{1} c^{n-1}h + \cdots + \binom{n}{r} c^{n-r}h^r + \cdots + \binom{n}{n} h^n. \end{aligned}$$

$|h|<1$ とすれば，$|h^r| \leqq |h|$ $(r \geqq 1)$ であるから，

$$\begin{aligned} \left| \binom{n}{1} c^{n-1}h + \cdots + \binom{n}{n} h^n \right| &\leqq \binom{n}{1} |c|^{n-1}|h| + \cdots + \binom{n}{n} |h|^n \\ &\leqq |h|((|c|+1)^n - 1). \end{aligned}$$

よって，

$$\lim_{h\to 0} \left| \binom{n}{1} c^{n-1}h + \cdots + \binom{n}{n} h^n \right| = 0$$

となるから，$\lim_{h\to 0} f(c+h) = f(c)$. ∎

例 1.54 $f(x)=1/x$ は，$(0,\infty)$ で連続. □

例 1.55 例 1.44 の $f(x)$ は，$x=0$ で不連続である．なぜなら，$f(0+0)$ ($f(+0)$ と略す)$=1$, $f(0-0)$ ($f(-0)$ と略す)$=0$, $f(0)=1$ であるから，$f(x)$ は $x=0$ で右連続であるが，左連続ではない． □

例題 1.56　$y=\sin x$ $(x\in(-\infty,\infty))$ は，いたるところ連続であることを示せ.

［解］　加法公式および(1.34)より

$$|\sin(x+h)-\sin x| = 2\left|\sin\frac{h}{2}\cos\left(x+\frac{h}{2}\right)\right| \leqq 2\left|\sin\frac{h}{2}\right| \leqq |h|.$$

ゆえに $h\to 0$ のとき $|\sin(x+h)-\sin x|\to 0$ である.　▮

同様にして，$\cos x$ もいたるところ連続であることがわかる.

問 36　例1.43の関数は，x が整数のときは不連続であるが，その他では連続であることを示せ.

例題 1.57

$$f(x)=\begin{cases}\sin\dfrac{1}{x} & (x\neq 0)\\[2mm] 0 & (x=0)\end{cases}$$

は，$x\neq 0$ で連続だが，$x=0$ で不連続であることを示せ.

［解］　$c\neq 0$ のときは，例題1.56の解と同様にして，

$$\left|\sin\frac{1}{c+h}-\sin\frac{1}{c}\right| \leqq \left|\frac{1}{c+h}-\frac{1}{c}\right| = \left|\frac{h}{c(c+h)}\right|$$

が成り立つ．ゆえに

$$\lim_{h\to 0}\sin\left(\frac{1}{c+h}\right)=\sin\frac{1}{c}$$

であるが，$c=0$ のとき，$\displaystyle\lim_{h\downarrow 0}f(h)$ は存在しない．例えば

$$h=\frac{1}{\pi\left(n+\dfrac{1}{2}\right)}$$

ととれば，$h\to 0$ つまり $n\to\infty$ のとき，

$$f(h) = \sin\left(n+\frac{1}{2}\right)\pi = (-1)^n$$

は収束しない. ∎

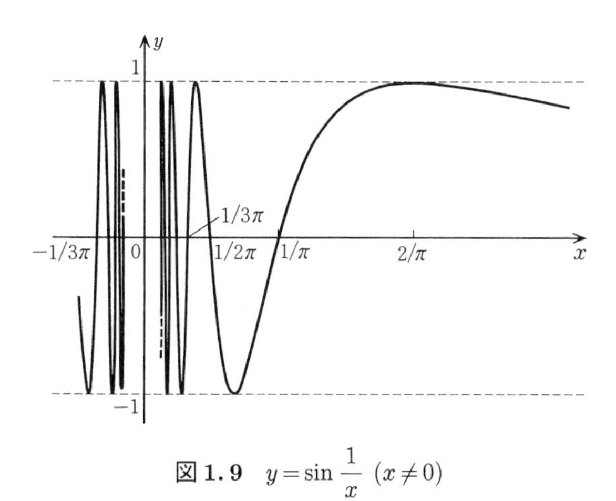

図 **1.9** $y=\sin\dfrac{1}{x}\ (x\neq 0)$

(d) 連続関数の性質

数列の場合(命題 1.16, 命題 1.18)と同様に, 次の極限に関する公式が成り立つ.

命題 1.58 $\lim\limits_{h\to 0} f(c+h)=f(c)$, $\lim\limits_{h\to 0} g(c+h)=g(c)$ ならば,

(i) $\lim\limits_{h\to 0}(f(c+h)+g(c+h))=f(c)+g(c)$

(ii) $\lim\limits_{h\to 0} f(c+h)g(c+h)=f(c)g(c)$

(iii) $\lim\limits_{h\to 0} \gamma f(c+h)=\gamma f(c)$ (γ は定数)

(iv) $\lim\limits_{h\to 0} \dfrac{f(c+h)}{g(c+h)}=\dfrac{f(c)}{g(c)}$ ($g(c)\neq 0$)

(v) $f(x)\geqq g(x)$ $(x\neq c)$ のときは $f(c)\geqq g(c)$ □

したがって, 次の命題が成り立つ.

命題 1.59 $f(x), g(x)$ が $[a,b]$ で連続ならば, それぞれ $f(x)+g(x), \gamma f(x)$, $f(x)g(x)$ は連続, $f(x)/g(x)$ は $g(x)\neq 0$ ならば, 連続である. □

特に，多項式は連続であるから，その比で表される**有理関数**もまた，その定義域において連続である．

例 1.60

$$f(\theta) = \tan\theta \quad (\theta \in (-\pi/2, \pi/2))$$

は連続である．実際，$\sin\theta, \cos\theta$ は連続であって，$\cos\theta \neq 0$ であるから，命題 1.59 より，$\tan\theta$ もまた連続である． □

例題 1.61

$$f(\theta) = \begin{cases} \dfrac{\sin\theta}{\theta} & (\theta \neq 0) \\ 1 & (\theta = 0) \end{cases}$$

は $(-\infty, \infty)$ で連続．これを示せ．

［解］ $\theta \neq 0$ のとき命題 1.59 より明らか．$\theta = 0$ で連続であることは

$$\lim_{\theta \to 0} \frac{\sin\theta}{\theta} = 1 \tag{1.36}$$

を示さねばならない．$f(\theta) = f(-\theta)$ であるから，$\theta > 0$ としてよい．図 1.10 のような単位円板の弧 $\widehat{SP}$ の弧長を 2θ とする．このとき，扇形領域 OSP の面積は θ に等しい．$\triangle OSP$ の面積 $= \sin\theta\cos\theta$，$\triangle OSQ$ の面積 $= \tan 2\theta/2$ であるが，面積を比較して，

$$\sin\theta\cos\theta < \theta < \frac{\tan 2\theta}{2} = \frac{\sin\theta\cos\theta}{\cos 2\theta}.$$

よって，

$$\frac{\cos 2\theta}{\cos\theta} < \frac{\sin\theta}{\theta} < \frac{1}{\cos\theta}$$

であるから，(1.36)が成り立つ． ▮

問 37　次の等式を示せ．

(1) $\displaystyle\lim_{\theta \to 0} \frac{\tan\theta}{\theta} = 1$　　(2) $\displaystyle\lim_{x \to 0} \frac{\arcsin x}{x} = 1$

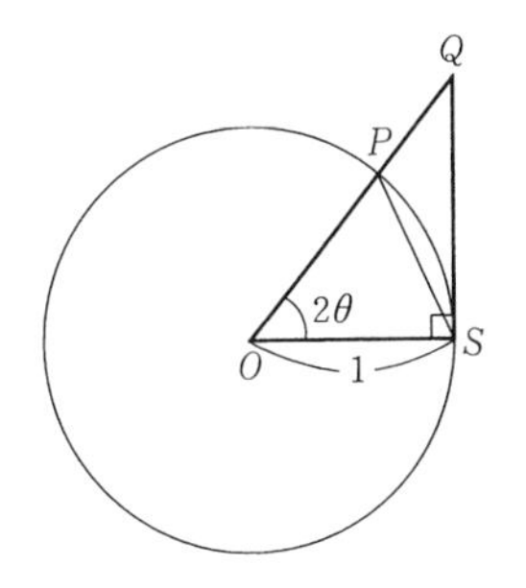

図 1.10 $\triangle OSP$, $\triangle OSQ$, 扇形領域 OSP の面積の比較

次の命題は定義から明らかである.

命題 1.62 連続関数 $f(x), g(x)$ の定義域が, それぞれ $[a,b], [\alpha,\beta]$ で, $f(x)$ の値域は $[\alpha,\beta]$ に含まれるとする. このとき, 合成関数 $g\circ f(x)$ は $[a,b]$ 上いたるところ連続である.

［証明］ $c\in[a,b]$ を任意に固定する. $\lim_{h\to 0} f(c+h)=f(c)$ であるから,

$$\lim_{h\to 0} g\circ f(c+h)=\lim_{h\to 0} g(f(c+h))=\lim_{x\to f(c)} g(x)=g\circ f(c).$$

∎

例 1.63 $F(x)=\sqrt[4]{x-1}\ (x\geqq 1)$ は連続である. 実際,

$$g(x)=\sqrt[4]{x}\quad (x\geqq 0),\qquad f(x)=x-1\quad (x\geqq 1)$$

はそれぞれ連続で, $F(x)=g\circ f(x)$ である. □

例題 1.64 関数

$$f(x)=\begin{cases} x\sin\dfrac{1}{x} & (x\neq 0)\\ 0 & (x=0)\end{cases}$$

は, いたるところ連続であることを示せ.

［解］ $x\neq 0$ において, $f(x)$ が連続なことは明らか. $x=0$ のときに連続なことは, $x\neq 0$ に対して $|f(x)|\leqq|x|$ であるから, $\lim_{x\to 0} f(x)=0$ となることからわかる. ∎

命題 1.65 $[a,b]$ 上の 2 個の連続関数 $f(x), g(x)$ がすべての有理数で等し

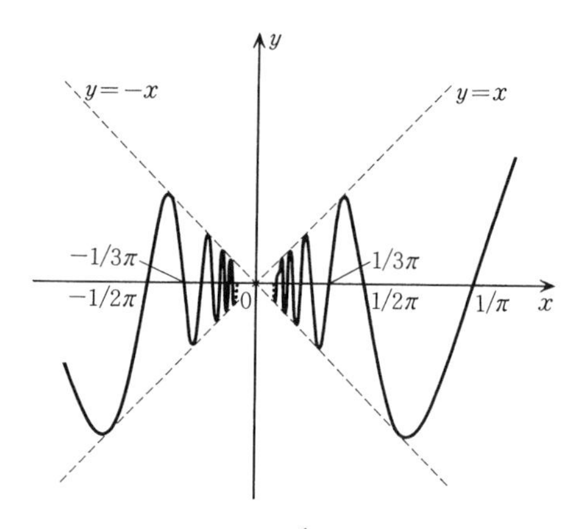

図 1.11　$y=x\sin\dfrac{1}{x}$ $(x\neq 0)$ のグラフ

い値をもつならば，いたるところ $f(x)=g(x)$ である.

［証明］　任意の $c\in[a,b]$ に対して，c に収束する有理数列 $\{\gamma_n\}_{n=1}^{\infty}$ がとれる．ところで，

$$\lim_{n\to\infty} f(\gamma_n)=f(c), \quad \lim_{n\to\infty} g(\gamma_n)=g(c)$$

かつ $f(\gamma_n)=g(\gamma_n)$ であるから，$f(c)=g(c)$ でなくてはならない.　∎

例 1.66　ディリクレ(Dirichlet)関数

$$f(x)=\begin{cases} 1 & (x \text{ は有理数}) \\ 0 & (x \text{ は無理数}) \end{cases}$$

は，$[0,1]$ 上で定義されている．$f(x)$ は $[0,1]$ のどんな点 c においても連続でない.

なぜならば，c で連続ならば，$f(x)$ は有理点で 1 に等しいから，$f(c)$ は 1 でなくてはならないが，実際は，c が無理点のとき $f(c)$ は 0 である.　□

定義 1.67　上の有理数の集合のように，$[a,b]$ 内の点集合 X が，任意の $c\in[a,b]$ に対して，c にいくらでも近くなる点を X の中に見つけることがで

きるとき，言い換えれば，X の点列 $\{x_n\}$ があって，$\lim_{n\to\infty} x_n = c$ とできるときは，X は $[a,b]$ で**稠密**(dense)であると言う．□

(e) 関数値の上限，下限

§1.3(b)で，数列の上限，下限を定義したが，実数の集合についても，それらを定義することができる．

実数の集合 X が上に有界，すなわち，適当な M があって，すべての X の元 x に対して，

$$x \leqq M$$

となっているとする．このような上界 M の中で，最小の数が存在する．それが X の上限である．すなわち，

定義 1.68　実数 α が，次の条件(a),(b)をみたすとき，この α を集合 X の**上限**と言い，

$$\alpha = \sup_{x\in X} x$$

と記す．

(a)　すべての $x\,(\in X)$ に対して，$x \leqq \alpha$．

(b)　α より小さいどんな数 β をとっても，$x \leqq \beta\ (x\in X)$ とはなっていない．すなわち，ある $y\in X$ があって，$\beta < y$ となっている．□

$\alpha \leqq M$ が成り立つことは明らか．同様に，下に有界な集合 X に対して，X の**下限** $\inf_{x\in X} x$ が定義される．数列と同様にして，次が成り立つ．

命題 1.69　X が上に有界ならば，上限が存在する．また，下に有界ならば，下限が存在する．□

関数 $f(x)$ $(x\in[a,b])$ の値域を Y とするときに，$\sup_{y\in Y} y$，$\inf_{y\in Y} y$ をそれぞれ $\sup_{x\in[a,b]} f(x)$，$\inf_{x\in[a,b]} f(x)$ で表す．

注意 1.70　X が上に非有界ならば，$\sup_{x\in X} x = \infty$．下に非有界ならば，$\inf_{x\in X} x = -\infty$ と表す．関数 $f(x)$ $(x\in[a,b])$ が，上に有界ならば $\sup_{x\in[a,b]} f(x)$ は有限であり，下に有界ならば，$\inf_{x\in[a,b]} f(x)$ は有限である．特に，$\sup_{x\in[a,b]} |f(x)|$ が有限のとき，これを $\|f\|$ で表し，f の**ノルム**と言う．つねに $\|f\| \geqq 0$ である．

例 1.71　関数

$$f(x)=\begin{cases} x+1 & (-1 \leqq x<0) \\ 0 & (x=0) \\ x-1 & (0<x \leqq 1) \end{cases}$$

は最大値，最小値を持たない．しかし，$\sup_{x \in [-1,1]} f(x)=1$，$\inf_{x \in [-1,1]} f(x)=-1$，かつ $\|f\|=1$． □

問 38　次の関数 $f(x)$ の $\sup_{x \in [-1,1]} f(x)$，$\inf_{x \in [-1,1]} f(x)$，$\|f\|$ を求めよ．

$$f(x)=\begin{cases} \sin \dfrac{1}{x} & (-1 \leqq x \leqq 1,\ x \neq 0) \\ 2 & (x=0) \end{cases}$$

(f)　振幅と連続関数

関数の値がどのように振動するかをはかる量を次のように定義しておくと便利である．

定義 1.72　関数 $f(x)$ $(x \in [a,b])$ に対して，ゆれ幅 δ $(\delta>0)$ に付随する振幅を

$$\omega_f(\delta)=\sup_{\substack{x, x' \in [a,b] \\ |x-x'| \leqq \delta}} |f(x)-f(x')|$$

と定義する． □

例えば，$f(x)=x$ $(x \in [0,1])$ のときは，

$$|f(x)-f(x')|=|x-x'| \leqq \delta$$

であるから，$\omega_f(\delta) \leqq \delta$ だが，$x \leqq 1-\delta$ のときに，$x'=x+\delta$ とおくならば，$|x-x'|=\delta$ ともなり得る．よって，$\omega_f(\delta)=\delta$．

$\omega_f(\delta) \geqq 0$ であるが，$\omega_f(\delta)=\infty$ となることもある．$\lim_{\delta \downarrow 0} \omega_f(\delta)=0$ ならば，f は連続である．一般に，$f(x)$ が $[a,b]$ で連続ならば $\omega_f(\delta)$ はつねに有限であることが示される．

定理 1.73　関数 $f(x)$ が閉区間 $[a,b]$ で連続ならば，

$$\lim_{\delta\downarrow 0}\omega_f(\delta)=0 \tag{1.37}$$

である. □

証明は省略する.

注意 1.74 (1.37)は次のように言い換えることができる. 勝手な正数εが与えられたとき, 十分小さい正数δを選んで,

$$|x-x'|<\delta \quad ならば \quad |f(x)-f(x')|<\varepsilon \tag{1.38}$$

とすることができる.

この性質は, 関数$f(x)$の**一様連続性**と呼ばれるきわめて重要な事実であるが, その証明には, 実数論のかなり進んだ議論を必要とする. その証明は,『微分と積分2』『現代解析学への誘い』でくわしく述べられている.

$\omega_f(\delta)$の値を正確に求めるのは, 容易ではないが, (1.38)は, 比較的容易に示される場合が多い.

例題 1.75 $f(x)=\cos x$ $(x\in[0,\pi])$のとき, (1.37)が成り立つ.

[解]

$$|\cos x-\cos x'| \leqq 2\left|\sin\frac{x-x'}{2}\right|\left|\sin\frac{x+x'}{2}\right| \leqq 2\left|\sin\frac{x-x'}{2}\right|.$$

さて, $|x-x'|<\delta$のときは

$$\left|\sin\frac{x-x'}{2}\right| \leqq \sin\frac{\delta}{2}$$

であるから

$$\omega_f(\delta) \leqq 2\sin\frac{\delta}{2}.$$

よって, $\lim_{\delta\downarrow 0}\omega_f(\delta)=0$. ∎

問 39 $f(x)=1/(x+1)$ $(x\in[0,1])$, $f(x)=\sqrt{4-x^2}$ $(x\in[-2,2])$ の $\omega_f(\delta)$ $(\delta<2)$ をそれぞれ求め, $\lim_{\delta\downarrow 0}\omega_f(\delta)=0$ を示せ.

問 40 $f(x)$が例1.66のディリクレ関数のとき, $\omega_f(\delta)$はいくらか?

系 1.76 閉区間 $[a,b]$ で連続な関数は有界である. □

実際, $\delta=b-a$ に対して $\omega_f(\delta)$ は有限である. $|f(x)-f(a)| \leqq \omega_f(\delta)$ であるから

$$|f(x)| \leqq |f(a)|+\omega_f(\delta).$$

閉区間ではない区間上の連続関数 f では振幅 $\omega_f(\delta)$ は必ずしも有限ではない. 例えば, $f(x)=1/x \ (0<x\leqq 1)$ の場合,

$$\omega_f(\delta) = \sup_{0<x\leqq 1-\delta}\left(\frac{1}{x}-\frac{1}{x+\delta}\right) = \sup_{0<x\leqq 1-\delta}\frac{\delta}{x(x+\delta)} = \infty.$$

すなわち, $f(x)$ は一様連続ではない.

(g) 中間値の定理

関数 $f(x)=x^2 \ (0<a\leqq x\leqq b)$ を考える. $a^2<\beta<b^2$ をみたす β に対して $\beta=x^2$ を解くと, $x=\pm\sqrt{\beta}$ であるが, 特に $\alpha=\sqrt{\beta}$ のときには, $f(\alpha)=\beta$, $a<\alpha<b$ をみたす. α は $[a,b]$ の内点である.

この事実は連続関数に対して次のように一般化される.

定理 1.77 (中間値の定理) 関数 $f(x) \ (x\in[a,b])$ は $f(a)\neq f(b)$ をみたす連続関数とする. $f(a)<\beta<f(b)$ または $f(b)<\beta<f(a)$ をみたす任意の β に対して, $f(\alpha)=\beta$ をみたす $\alpha\in(a,b)$ がある. □

証明は『微分と積分 2』を参照.

関数 $f(x)$ に不連続な点があれば, 中間値の定理は成り立たない.

例 1.78 例 1.44 の関数 $f(x)$ を $[-1,1]$ で考える場合, $f(1)=1$, $f(-1)=0$ であるが, $0<\beta<1$ ならば $f(\alpha)=\beta$ をみたす $\alpha\in[-1,1]$ は存在しない. □

問 41 $f(x)=x^2+x+1 \ (0\leqq x\leqq 1)$ の場合に, $f(0)=1$, $f(1)=3$, $1<\beta<3$ に対して, $0<\alpha<1$, $f(\alpha)=\beta$ をみたす α を求めよ.

(h) 逆関数

定義 1.79 $f(x)$ は $[a,b]$ 上で定義された関数とする. $x_1<x_2$ をみたす

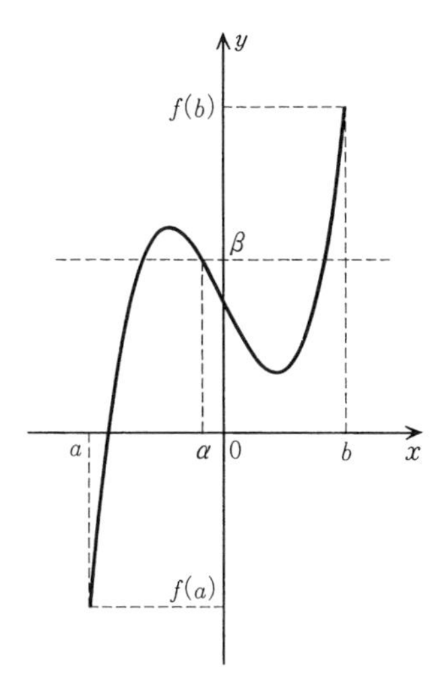

図 1.12　中間値を与える点

$[a,b]$ の任意の 2 点 x_1, x_2 に対して $f(x_1) \leqq f(x_2)$ をみたすとき，$f(x)$ は**単調増加**であると言う．$f(x_1) \geqq f(x_2)$ をみたすとき，$f(x)$ は**単調減少**であると言う．

また，$x_1 < x_2$ ならば $f(x_1) < f(x_2)$ をみたすとき，$f(x)$ は狭い意味で(略して狭義)単調増加，$f(x_1) > f(x_2)$ をみたすとき，$f(x)$ は狭い意味で(略して狭義)単調減少であると言う．　□

命題 1.80　$y = f(x)$ は，$[a,b]$ で連続で，かつ狭義単調増加(または減少)とする．このとき $f(x)$ は単射で，$f(x)$ の値域は区間 $[f(a), f(b)]$ である．また，$f(x)$ の逆関数 $g(y)$ は，$[f(a), f(b)]$ で狭義単調増加(または減少)な連続関数である．

[証明]　$f(x)$ が単調増加のときに証明する．中間値の定理により，f の値域が $[f(a), f(b)]$ となる．また，f が狭義単調増加であるから，f は単射である．すなわち，f は全単射である．ゆえに逆関数 $g(y)$ $(y \in [f(a), f(b)])$ が存在する．$g(y)$ が連続関数となることを示す．

$y_1, y_2 \in [f(a), f(b)]$，かつ $y_1 < y_2$ とする．このとき $g(y_1) < g(y_2)$ である．なぜならば，もしも $g(y_1) \geqq g(y_2)$ ならば $y_1 = f \circ g(y_1) \geqq f \circ g(y_2) = y_2$ となっ

て矛盾する．すなわち $g(y)$ は狭い意味で単調増加である．今，$\beta \in [f(a), f(b)]$ をひとつ固定する．$\alpha = g(\beta)$ とおく．任意の小さな正数 ε に対して $f(\alpha-\varepsilon) < f(\alpha) < f(\alpha+\varepsilon)$．$\delta$ を $f(\alpha)-f(\alpha-\varepsilon)$ および $f(\alpha+\varepsilon)-f(\alpha)$ の小さい方とおくと

$$f(\alpha-\varepsilon) \leqq \beta-\delta < \beta+\delta \leqq f(\alpha+\varepsilon).$$

よって，$\alpha-\varepsilon \leqq g(\beta-\delta) < g(\beta+\delta) \leqq \alpha+\varepsilon$．ゆえに $|y-\beta| < \delta$ ならば $\alpha-\varepsilon < g(y) < \alpha+\varepsilon$ となって $g(y)$ は $y=\beta$ で連続である． ∎

例 1.81　関数 $g(x) = \sqrt{x}$ $(x \geqq 0)$，$g(x) = \sqrt[3]{x}$ $(x \in (-\infty, \infty))$ は，それぞれ関数 $f(x) = x^2$ $(x \geqq 0)$，$f(x) = x^3$ $(x \geqq 0)$ の逆関数であって，共に連続である． □

例 1.82　$g(x) = \arcsin x$ $(x \in [-1, 1])$，$g(x) = \arccos x$ $(x \in [-1, 1])$ は，共に連続である． □

(i)　指数関数，対数関数

命題 1.83　指数関数 e^x $(-\infty < x < \infty)$ は狭義単調増加な連続関数である．

［証明］　まず，$x=0$ のときに証明する．

$$e^x = 1 + x + \frac{x^2}{2!} + \cdots + \frac{x^n}{n!} + \cdots$$

であった(定義 1.36)．さて

$$\left|\frac{x^n}{n!}\right| \leqq |x|^n \quad (n \geqq 1)$$

であるから，$|x| < 1$ ならば

$$|e^x - 1| \leqq |x|(1+|x|+|x|^2+\cdots) = \frac{|x|}{1-|x|}. \tag{1.39}$$

よって $\lim_{x\to 0}(e^x-1) = 0$．さて，任意の点 c において

$$e^{c+h} - e^c = e^c e^h - e^c = e^c(e^h - 1)$$

より $\lim_{h\to 0}(e^{c+h}-e^c) = 0$．すなわち e^x は x の連続関数である．$h > 0$ のとき $e^h > 1$ に注意して，$e^{c+h} = e^c e^h > e^c$ である．よって e^x は狭義単調． ∎

なお，$|x|<1$ のとき，さらに精密な不等式 $\left|\dfrac{x^n}{n!}\right| \leqq |x|\left(\dfrac{|x|}{2}\right)^{n-1}$ $(n \geqq 1)$ が成り立つので，(1.39)と同様にして，

$$\left|e^x - 1 - x - \cdots - \frac{x^n}{n!}\right| \leqq \frac{|x|^{n+1}}{2^n} \frac{1}{1-|x|/2} \tag{1.40}$$

が成り立つ.

命題1.80によって e^x の逆関数 $g(y)$ は連続な狭義単調増加関数である.

$$e^x = y \Longleftrightarrow x = g(y).$$

$g(y)$ のことを**対数関数**と言い，$g(y)=\log y$ で表す．$g(y)$ の定義域は $y>0$ である．定義より，

$$\log 1 = 0, \quad \log e = 1.$$

また，

$$\lim_{y \downarrow 0} \log y = -\infty, \quad \lim_{y \uparrow \infty} \log y = \infty.$$

指数関数の指数法則により，$\log y$ の加法性

$$\begin{aligned} \log(\alpha\beta) &= \log \alpha + \log \beta, \\ \log \alpha^k &= k \log \alpha \quad (k = 0, \pm 1, \pm 2, \cdots) \end{aligned} \tag{1.41}$$

が成立する.

図1.13は $y=e^x$, $y=\log x$ のグラフである．直線 $y=x$ に関して対称になっている.

問42　$1/2<\log 2<1$, $1<\log 3<3/2$ を示せ.

問43　$0<x<1$ のとき $\log x<0$ を，$x>1$ のとき $\log x>0$ を示せ.

命題1.84

$$\lim_{x \to 0} \frac{e^x - 1}{x} = 1. \tag{1.42}$$

[証明]　(1.40)より，$|x| \leqq 1$, $x \neq 0$ のとき

$$\left|\frac{e^x - 1}{x} - 1\right| \leqq |x| \quad (x \neq 0).$$

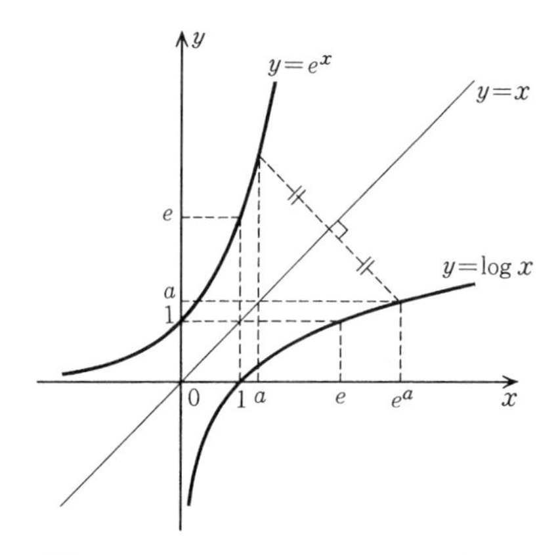

図 1.13　$y=e^x$ と $y=\log x$ のグラフ

よって，$\lim_{x\to 0}(e^x-1)/x=1.$ ∎

系 1.85

$$\lim_{y\to 0}\frac{y}{\log(1+y)}=\lim_{y\to 0}\frac{\log(1+y)}{y}=1.$$

□

なぜならば $y=e^x-1$ とおくと $x=\log(1+y)$ だから

$$\lim_{x\to 0}\frac{e^x-1}{x}=\lim_{y\to 0}\frac{y}{\log(1+y)}=1.$$

問 44　$\lim_{x\to 0}(1+x)^{1/x}=e$ を示せ．この等式は(1.30)を拡張したものになっている．

命題 1.86　$a^x=e^{x\log a}$ $(a>0)$ と定義すれば，次の性質

(i)　$\log a^x=x\log a$

(ii)　$a^\alpha a^\beta=a^{\alpha+\beta}$,　$a^0=1$,　$a^{\alpha\beta}=(a^\alpha)^\beta$

が成り立つ．

[証明]　(i)は定義より明らか．

(ii)

$$a^\alpha a^\beta=e^{\alpha\log a}e^{\beta\log a}=e^{(\alpha+\beta)\log a}=a^{\alpha+\beta}.$$

$$a^0=e^0=1.$$

$$a^{\alpha\beta} = e^{\alpha\beta\log a} = e^{\beta\alpha\log a} = e^{\beta\log a^{\alpha}} = (a^{\alpha})^{\beta}. \qquad \blacksquare$$

問 45　次の等式を示せ.

(1) $\sqrt{a} = a^{1/2}$　　(2) $(\sqrt[3]{a})^2 = a^{2/3}$　　(3) $\sqrt[n]{a^x} = a^{x/n}$ (n は 0 でない整数)

一般に有理数 α を q/p (p, q は整数, $p>0$) と表すとき

$$a^{q/p} = \sqrt[p]{a^q} = (\sqrt[p]{a})^q$$

である. したがって $x = a^{q/p}$ は代数方程式

$$x^p - a^q = 0$$

をみたす.

注意 1.87　関数 $y = a^x$ ($a>0$, $a \neq 1$) の逆関数を $x = \log_a y$ と書き, a を底とする対数関数と言う. $a = e$ のとき自然対数, $\log_e y = \log y$ である. $a = 10$ のとき常用対数と言う.

$$\log_a y = \frac{\log y}{\log a} \tag{1.43}$$

が成り立つ.

(j)　最大値, 最小値

区間 I で定義された関数 $f(x)$ が与えられたとする. すべての $x \in I$ に対して, $f(\alpha) \geqq f(x)$ をみたす α が I の中にあるとき, $f(\alpha)$ を $f(x)$ の**最大値**(maximum), $f(\beta) \leqq f(x)$ をみたす β が I の中にあるとき, $f(\beta)$ を $f(x)$ の**最小値**(minimum)と言う.

$[a, b]$ 上の連続関数 $f(x)$ のグラフ, すなわち点 $(x, f(x))$ の集合は連続な曲線になっている. このグラフの 1 番高い頂上 S, 1 番低い谷底 V が存在する(これらはそれぞれ 2 つ以上あるかもしれない). これらはそれぞれ $f(x)$ の最大値, 最小値に対応している.

例 1.88　関数

$$f(x)=\begin{cases} x+1 & (-1 \leqq x \leqq 0) \\ 1-x & (0 \leqq x \leqq 1) \end{cases}$$

の最大値は $x=0$ における値 1 であって，最小値は $x=1$ または $x=-1$ での値 0. □

例 1.89　$f(x)=\sin x \ (-2\pi \leqq x \leqq 2\pi)$ は $x=\pi/2, -3\pi/2$ のとき最大値 1, $x=3\pi/2, -\pi/2$ のとき最小値 -1 をとる. □

例題 1.90

$$f(x)=x+\lambda x^2 \quad (x \in [-1,1])$$

の最大値，最小値を求めよ．ただし，$\lambda>0$ とする.

［解］　$y=f(x)$ のグラフは図 1.14 の 3 通りのうちのいずれかであって，図から明らかなように

(a)の場合，$x=1$ のとき最大値 $1+\lambda$，$x=-1/2\lambda$ のとき最小値 $-1/4\lambda$.

(b),(c)の場合，$x=1$ のとき最大値 $1+\lambda$，$x=-1$ のとき最小値 $-1+\lambda$. ■

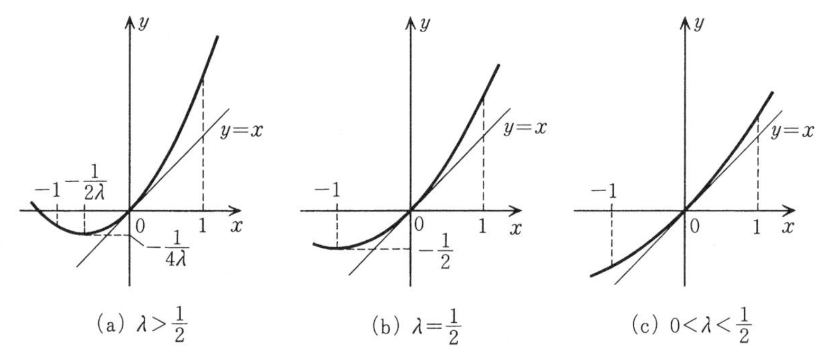

図 1.14　$y=x+\lambda x^2$ $(\lambda>0)$ のグラフ

一般に，次の重要な定理が成り立つ.

定理 1.91　閉区間 $[a,b]$ 上の連続関数は最大値，最小値を持つ. □

証明には実数についてのより進んだ知識を必要とする.『微分と積分 2』『現代解析学への誘い』を参照のこと.

$f(x)$ が連続でなければ必ずしも最大値，最小値はない．実際，例 1.71 の

関数は最大値も最小値も持たない.

$f(\alpha), f(\beta)$ が $f(x)$ の最大値, 最小値のとき,

$$f(\alpha) = \max_{x \in [a,b]} f(x), \quad f(\beta) = \min_{x \in [a,b]} f(x)$$

と書く. max は maximum の, min は minimum の略である. 明らかに

$$\sup_{x \in [a,b]} f(x) = \max_{x \in [a,b]} f(x), \quad \inf_{x \in [a,b]} f(x) = \min_{x \in [a,b]} f(x).$$

$f(x)$ が連続ならば, $|f(x)|$ も連続であるから, その最大値がある. それはノルム $\|f\|$ に等しい. すなわち

$$\|f\| = \sup_{x \in [a,b]} |f(x)| = \max_{x \in [a,b]} |f(x)| = \max(|f(\alpha)|, |f(\beta)|).$$

問46 次の連続関数 $f(x)$ の最大値, 最小値を求めよ.

(1) $f(x) = |x| + |x-1| \quad (x \in [-2, 2])$ (2) $f(x) = x^2 - 2x \quad (x \in [0, 4])$

ノルムについて次の性質がある.

命題1.92 f と g が連続ならば,

(i) $\|f+g\| \leqq \|f\| + \|g\|$

(ii) $\|\lambda f\| = |\lambda| \|f\|$ (λ は定数)

(iii) $\|fg\| \leqq \|f\| \cdot \|g\|$

(iv) $\|f\| = 0 \Longleftrightarrow f = 0$, つまりは $f(x)$ はいたるところ 0.

[証明] (i) $|f(x)| \leqq \|f\|$, $|g(x)| \leqq \|g\|$ である. よって

$$|f(x) + g(x)| \leqq |f(x)| + |g(x)| \leqq \|f\| + \|g\|.$$

左辺の最大値をとって $\|f+g\| \leqq \|f\| + \|g\|$.

(iii) $|f(x)g(x)| \leqq \|f\| \cdot \|g\|$ であるから, (i)と同様に示される.

(ii), (iv)は明らか. ∎

例1.93 $\|f+g\| < \|f\| + \|g\|$ となる例.

$$\begin{cases} f(x) = x & (x \in [0,2]) \\ g(x) = 1-x & (x \in [0,2]) \end{cases}$$

とすると，$\|f\|=2$, $\|g\|=1$, $\|f+g\|=1$. □

問 47　次の関数のノルム $\|f\|$ を求めよ．
（1）$f(x)=x(1-x)\quad(x\in[-1,2])$　　（2）$f(x)=\sin x+\cos x\quad(x\in[0,\pi])$

《まとめ》

1.1　実数は有理数列の極限で表される．

1.2　指数関数は，多項式の極限である級数によって定義される，指数法則をみたす連続関数である．

1.3　連続関数の合成関数は連続である．

1.4　連続関数は中間値，最大値・最小値を持つ．

1.5　単調増加(または減少)な連続関数の逆関数もまた単調増加(または減少)連続である．

1.6　対数関数は指数関数の逆関数である．

演習問題

1.1　漸化式 $a_n=\sqrt{2+a_{n-1}}$ $(n=2,3,\cdots)$ によって与えられる数列 $\{a_n\}$ は，a_1 がどんな正数であっても $\lim_{n\to\infty} a_n=2$ となることを示せ．

1.2　2個の数列 $\{a_n\}_{n=0}^{\infty}$，$\{b_n\}_{n=0}^{\infty}$ が

$$b_n = a_0 - \binom{n}{1}a_1 + \binom{n}{2}a_2 - \cdots + (-1)^n a_n$$

の関係にあるならば，

$$a_n = b_0 - \binom{n}{1}b_1 + \binom{n}{2}b_2 - \cdots + (-1)^n b_n$$

と書けることを示せ． $a_n=x^n, n, \dfrac{1}{n+1}$ のときに b_n を求めよ．

1.3 $\lim_{n\to\infty} a_n=\alpha$ ならば，

$$\lim_{n\to\infty}\frac{a_1+a_2+\cdots+a_n}{n}=\alpha$$

となることを証明せよ．

1.4 倍角公式を使って

$$\sum_{n=1}^{\infty}\frac{1}{2^n}\tan\frac{x}{2^n}=\frac{1}{x}-\cot x \quad (\pi>x>0)$$

を示せ．

1.5 $a_0=a>0,\ b_0=b>0\ (a\geqq b)$ から出発して，数列 $\{a_n\}, \{b_n\}$ を漸化式

$$a_n=\frac{a_{n-1}+b_{n-1}}{2}, \quad b_n=\sqrt{a_{n-1}b_{n-1}} \quad (n\geqq 1)$$

によって定義する．つねに $a_n\geqq b_n$ であるが，

(1) a_n は単調減少，b_n は単調増加数列であることを示せ．

(2) $\lim_{n\to\infty} a_n$，$\lim_{n\to\infty} b_n$ は収束して互いに等しくなることを示せ．

1.6 $a, b>0$ のとき

$$\lim_{n\to\infty}\sqrt[n]{a^n+b^n}=\max(a,b)$$

を示せ．もっと一般に，$a_1, a_2, \cdots, a_r>0$ のとき

$$\lim_{n\to\infty}\sqrt[n]{a_1^n+a_2^n+\cdots+a_r^n}=\max_{1\leqq j\leqq r} a_j$$

となることを示せ．

1.7 $[a,b]$ において $f(x), g(x)$ は共に連続とする．このとき，$\max\{f(x), g(x)\}$，$\min\{f(x), g(x)\}$ も共に連続になることを示せ．

2 微　分

関数の微分(微分商)は，変数の差分と関数の差分の比，つまり差分商の極限値のことである．関数が微分可能とはどういうことかを解説し，微分可能な場合にその求め方を示す．また，その適用の仕方について学び，微分を通して関数の増減，極大極小，凹凸などの関数のふるまいを調べる．最後に，一般の関数を多項式を用いて近似的に表示するテイラーの公式を示す．

§2.1　微分の概念

関数の微分は，物体の運動の速度，あるいは関数のグラフの接線の勾配として直観的意味を持つ．さらにライプニッツの公式のような代数的演算を可能にする．これらを使って，微分の意味を理解すると共に，初等関数の微分の公式を求める．

(a)　運動と速度

物体の落下についてのガリレイの法則を思い出してみよう．真空中，静止した物体 M を離すと，物体 M は自然に落下し，その速度は，落下時間に比例して速くなっていく．出発時刻から t 秒後の速度を毎秒 v メートル(v m/sec と記す)とすれば，重力加速度 $9.8\,\mathrm{m/sec^2}$ を用いて，

$$v = 9.8t$$

と表される．そして，t 秒後の落下距離 y メートルは

$$y = 4.9t^2 \tag{2.1}$$

によって与えられる．もしも，M が速度 v_0 m/sec で落下しはじめるならば，t 秒後の速度，および落下距離はそれぞれ，

$$v = v_0 + 9.8t, \quad y = v_0 t + 4.9t^2$$

によって与えられる．

速度 $v=v(t)$ と落下距離 $y=y(t)$ とはどのような関係にあるだろうか？今，$v_0=0$ として2秒後の速度について考察する．(2.1)において，$t=2$ とおくと，$y(2)=19.6$．$t=2$ から Δt 秒後にさらにどれだけ落下したかを Δy とし，$\Delta t=1, 0.1, 0.05, 0.01, 0.0001, \cdots$ と順々に0に近づけて追跡すれば次表のようになる．

Δt	1	0.1	0.05	0.01	0.001	$\cdots$
$\Delta y = y(2+\Delta t) - y(2)$	24.5	2.009	0.99225	0.19649	0.0196049	$\cdots$
$\Delta y/\Delta t$	24.5	20.09	19.845	19.649	19.6049	$\cdots$

比 $\Delta y/\Delta t$ は Δt が小さくなるにつれて一定値19.6に近づいていく．これが，$t=2$ での落下速度 $v(2)$ に他ならない．すなわち，$v(2)$ は極限値

$$v(2) = \lim_{\Delta t \to 0} \frac{y(2+\Delta t) - y(2)}{\Delta t}$$

によって与えられる．

もっと一般に時間 s 秒後では，$\Delta y(s) = y(s+\Delta t) - y(s)$ とおくとき，

$$\frac{\Delta y(s)}{\Delta t} = 9.8s + 4.9\Delta t$$

であるから，速度はこの極限値

$$v(s) = \lim_{\Delta t \to 0} \frac{\Delta y(t)}{\Delta t} = 9.8s$$

で与えられる．また，加速度 $a(s)$ m/sec^2 は

$$a(s) = \lim_{\Delta t \to 0} \frac{v(s+\Delta t)-v(s)}{\Delta t} = 9.8$$

となって，s によらず定数となる．これがガリレイの法則である．次の項でこれを一般の関数に拡張しよう．

(b) 微分係数と導関数

$f(x)$ は開区間 (a,b) で定義された関数とする．$c \in (a,b)$ を固定する．0 でない絶対値の小さい数 h をとって，差分(difference)(増分(increment)とも言う) $\Delta f(c) = f(c+h) - f(c)$ と h の比

$$\frac{f(c+h)-f(c)}{h}$$

を考える．これを**差分商**(divided difference)と言う．

h が限りなく 0 に近づくとき，この比が極限値 A に収束するならば，すなわち

$$\lim_{h \to 0} \frac{f(c+h)-f(c)}{h} = A \tag{2.2}$$

ならば，A を c における $f(x)$ の微分商(divided differential)または**微分係数**(略して微係数)(derivative)と言い，$f'(c)$ または $\dfrac{df(c)}{dx}$ と書く．そして $f(x)$ は c で**微分可能**(differentiable)**である**と言う．(2.1)の関数 $f(x)$ の場合は，$f'(2) = 19.6$ である．

前項の $v(s), a(s)$ はそれぞれ t の関数 $y(t), v(t)$ の $t = s$ での微分商である．つまり，速度は落下距離の時間による微分商，加速度は速度の時間による微分商で与えられる．

(2.2)はまた，次のように言い換えることもできる．

$$f(c+h) - f(c) = hA + h\phi(c,h) \tag{2.3}$$

によって $\phi(c,h)$ を定めると($\phi(c,0) = 0$ と約束する)，

$$\lim_{h \to 0} \phi(c,h) = 0. \tag{2.4}$$

h は限りなく 0 に近づく変量であるが，これを無限小(1 位の無限小)と言う．

一般に，h に依存する量 $g(h)$ が与えられたとき，$h\to 0$ のとき $\left|\dfrac{g(h)}{h}\right|$ が有界ならば，$g(h)$ は h とたかだか同位の無限小であると言い，$g(h)=O(h)$（O は大文字のオー）で表す．さらに，$\displaystyle\lim_{h\to 0}\frac{g(h)}{h}=0$ ならば，$g(h)$ は h より高位の無限小であると言い，$g(h)=o(h)$（o は小文字のオー）で表す．$O(h), o(h)$ を**ランダウ**(Landau)**の記号**と呼ぶ．変量 $h\phi(c,h)$ は高位の無限小である．したがって(2.3)は，

$$f(c+h)-f(c) = hf'(c)+o(h) \tag{2.5}$$

と表すこともできる．

$f'(c)h$ のことを単に**微分**(differential)と言い，$f'(c)dx$ とも記す．dx は h と同一視される．$f'(c)dx$ は $f(x)$ の c における微小の変量を表している．

微係数 $f'(c)$ の幾何学的な意味は何であろうか？　いま，座標平面の上の点 $(c, f(c))$ を通る傾き m の直線

$$L:\ y = f(c)+m(x-c)$$

を考える．h は $|h|$ が十分小さい数とする．$x=c+h$ における $f(x)$ の値と L の値の差は $U=f(c+h)-f(c)-mh$ で与えられるが，これが h より高位の無限小になるのは m がちょうど $f'(c)$ に等しいときのみである．このときは $f(x)$ のグラフと直線 L が $(c,f(c))$ で接する．すなわち，L は $f(x)$ のグラフの点 $(c,f(c))$ における接線(tangent)になっている．そして $m=f'(c)$ は，接線 L の勾配になっているのである．ゆえに L と x 軸とのなす角を θ とすれば，$f'(c)=\tan\theta$ である．

したがって，微分 $f'(c)dx$ は $x=c$ における接線 L の差分に等しくなっている．

例 2.1　$f(x)=x^3$ の c における微係数 $f'(c)$ は $3c^2$ である．実際

$$\frac{f(c+h)-f(c)}{h} = \frac{(c+h)^3-c^3}{h} = 3c^2+3ch+h^2.$$

$h\to 0$ とすれば，これは $3c^2$ に収束する．□

問1　次の関数の c における微係数を求めよ．

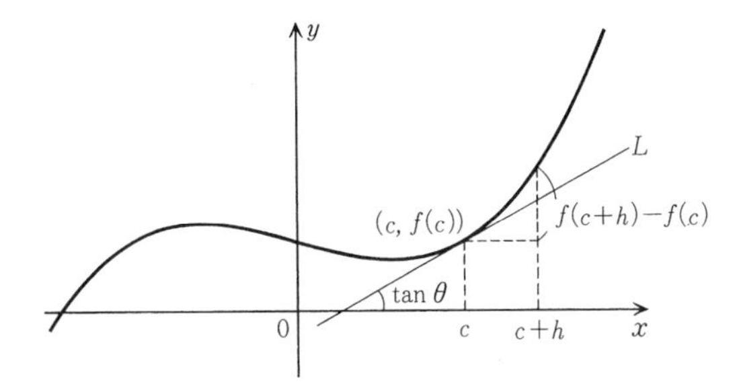

図 2.1　点 $(c, f(c))$ における $y=f(x)$ の接線 L

(1) $f(x)=x^3+x$　　(2) $f(x)=x^4+x^2+1$

命題 2.2　$f'(c)$ が存在するとき，$f(x)$ は $x=c$ で連続である．さらに $|h|$ が十分小さいならば，ある定数 M があって

$$|f(c+h)-f(c)| \leqq M|h|.$$

［証明］　(2.3), (2.4) から $h\to 0$ のとき $|f(c+h)-f(c)|\to 0$ となる．ゆえに，$f(x)$ は $x=c$ で連続である．(2.5) の右辺において，$|h|$ が十分小さいならば高位の無限小の定義より，ある正定数 M_1 があって $|o(h)|\leqq M_1|h|$．したがって，$M=|f'(c)|+M_1$ とおけば (2.5) より上の不等式が得られる．　■

定義 2.3　(2.2) において h を正数の範囲だけ，または負数の範囲だけに限って極限値をとることもできる．それぞれの極限値を，c での $f(x)$ の右微係数，左微係数と言い，$D_+f(c), D_-f(c)$ と表す．すなわち，

$$\lim_{h\downarrow 0}\frac{f(c+h)-f(c)}{h}=D_+f(c),\quad \lim_{h\uparrow 0}\frac{f(c+h)-f(c)}{h}=D_-f(c)$$

である．点 $(c, f(c))$ を通る傾きがそれぞれ $D_+f(c), D_-f(c)$ の片側接線 L', L'' が得られる．　□

定義から次は明らかである．

命題 2.4　c において $f'(c)$ が存在するならば，$D_+f(c), D_-f(c)$ は共に存在し $D_+f(c)=D_-f(c)$ である．また，逆も成り立つ．　□

例 2.5　$f(x)=|x|$ $(-\infty<x<\infty)$ は連続関数である．しかし，$x=0$ で微

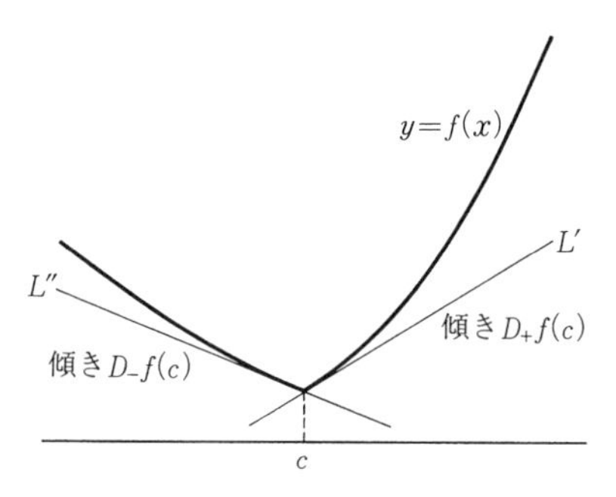

図 2.2　勾配が $D_+f(c)$ $(D_-f(c))$ の片側接線

分可能とはならない．$c>0$ のときは，$f'(c)=1$，$c<0$ ならば，$f'(c)=-1$ である．しかし，$c=0$ では $D_+f(0)=1$, $D_-f(0)=-1$ であって $f'(0)$ は存在しない．　□

注意 2.6　$f(x)$ が閉区間 $[a,b]$ で定義されているとき，$c=a$ のときは，$D_+f(a)$ が存在するときに $f(x)$ は a で微分可能であると言い，$c=b$ のときは，$D_-f(b)$ が存在するときに $f(x)$ は b で微分可能であると言う．そして，$f'(a)=D_+f(a)$, $f'(b)=D_-f(b)$ などと記す．$f(x)$ が開区間 (a,b) および端点 a,b で微分可能ならば，$f(x)$ は $[a,b]$ で微分可能であると言う．

定義 2.7　$f(x)$ は，閉区間 $[a,b]$ 上微分可能とする．$[a,b]$ の任意の点 c における微係数は $f'(c)$ で与えられるが，c を $[a,b]$ 上で動かして，$[a,b]$ 上の関数 $f'(x)$ が定義される．これを $f(x)$ の**導関数**(derived function)と言い，$f'(x)$ あるいは $\dfrac{d}{dx}f(x)$, $\dfrac{df(x)}{dx}$ などで表す．$y=f(x)$ とおくときは $\dfrac{dy}{dx}$ とも表す．

また，微分 $f'(c)dx$ についても点 c を動かして微分 $df(x)=f'(x)dx$ を定義する．　□

例題 2.8　$f(x)=\sqrt{x}$ $(x\geqq 0)$ の導関数を求めよ．

［解］　はじめに $c>0$ とする．

$$\frac{f(c+h)-f(c)}{h} = \frac{\sqrt{c+h}-\sqrt{c}}{h} = \frac{1}{\sqrt{c+h}+\sqrt{c}}.$$

$h\to 0$ とすれば，$\sqrt{c+h}\to\sqrt{c}$ であるから，$1/(\sqrt{c+h}+\sqrt{c})\to 1/(2\sqrt{c})$. よって $f'(c)=1/(2\sqrt{c})$. しかし，$c=0$ のときは，$h>0$ として

$$\frac{f(0+h)-f(0)}{h} = \frac{\sqrt{h}}{h} = \frac{1}{\sqrt{h}}$$

であるから，$h\downarrow 0$ のときこれは ∞ に発散する．したがって $f'(0)$ は存在しない．すなわち，$\sqrt{x}$ は $x>0$ のときのみ導関数が存在し，それは $1/(2\sqrt{x})$ に等しい．

実は，$x=0$ において，$y=\sqrt{x}$ のグラフの接線は y 軸に平行になっている． ■

例題 2.9　$f(x)=1/x$ $(x\neq 0)$ の導関数を求めよ．

［解］　$c\neq 0$ とする．

$$\frac{f(c+h)-f(c)}{h} = \frac{1}{h}\left(\frac{1}{c+h}-\frac{1}{c}\right) = \frac{-1}{c(c+h)}.$$

$h\to 0$ のとき，これは $-1/c^2$ に近づく．よって，$f'(c)=-1/c^2$. すなわち $f'(x)=-1/x^2$ である． ■

(c)　微分公式

$f(x)$ が定数ならば，$f'(x)=0$ である．また，$f(x)=x$ のときは $f'(x)=1$, $f(x)=x^2$ のときは $f'(x)=2x$ となることはすでにみた．これを一般化して，次の公式が得られる．

例題 2.10　$f(x)=x^n$ (n は正整数) ならば，$f'(x)=nx^{n-1}$.

［解］　実際，2 項定理に注意して，

$$\frac{(x+h)^n-x^n}{h} = nx^{n-1}+\frac{n(n-1)}{2}hx^{n-2}+\cdots+\binom{n}{n}h^{n-1}$$

を得る．$h\to 0$ のとき，右辺の第 2 項以降の項はすべて 0 に近づくので，右辺が nx^{n-1} に近づくことがわかる． ■

問2　$f(x)=x^{-n}$ ($x\neq 0$, n は正整数) のとき，$f'(x)=-nx^{-n-1}$ であることを示せ.

例題2.10と問2より整数 n について公式,

$$(x^n)'=nx^{n-1} \tag{2.6}$$

が成立する.

例題2.11

$$(e^x)'=e^x \tag{2.7}$$

を示せ.

［解］　$f(x)=e^x$ とおくと指数法則(1.32)により

$$f(x+h)-f(x)=e^x(e^h-1).$$

また(1.42)より，$\lim_{h\to 0}(e^h-1)/h=1$ であったから $f'(x)=e^x$ である. ∎

例題2.12

$$(\sin x)'=\cos x, \quad (\cos x)'=-\sin x \tag{2.8}$$

を示せ.

［解］　加法公式により

$$\begin{cases} \sin(x+h)-\sin x = 2\sin\dfrac{h}{2}\cos\left(x+\dfrac{h}{2}\right) \\ \cos(x+h)-\cos x = -2\sin\dfrac{h}{2}\sin\left(x+\dfrac{h}{2}\right) \end{cases}$$

であるが，(1.36)より

$$\lim_{h\to 0}\frac{2\sin h/2}{h}=1.$$

一方，$\lim_{h\to 0}\cos(x+h/2)=\cos x$, $\lim_{h\to 0}\sin(x+h/2)=\sin x$ であるから(2.8)が成り立つ. ∎

問3　$(\sin(x+\alpha))'=\cos(x+\alpha)$，$(\cos(x+\alpha))'=-\sin(x+\alpha)$ を示せ．ただし，α は定数とする.

命題 2.13 $f(x), g(x)$ が $[a,b]$ 上で微分可能とする．このとき

（i） $(f(x)+g(x))' = f'(x)+g'(x)$

（ii） $(\lambda f(x))' = \lambda f'(x)$ （λ は定数）

（iii） $(f(x)g(x))' = f'(x)g(x)+f(x)g'(x)$ （ライプニッツの公式）

（iv） $\left(\dfrac{g(x)}{f(x)}\right)' = \dfrac{g'(x)f(x)-g(x)f'(x)}{f(x)^2}$ （$f(x)\neq 0$）

特に $g(x)=1$ のとき $\left(\dfrac{1}{f(x)}\right)' = -\dfrac{f'(x)}{f(x)^2}$

［証明］ (i), (ii) は導関数の定義よりただちにわかる．(iii) を証明する．

$$\frac{f(x+h)g(x+h)-f(x)g(x)}{h} = \frac{(f(x+h)-f(x))g(x)}{h} + \frac{f(x+h)(g(x+h)-g(x))}{h}.$$

$h\to 0$ のとき，第1項は $f'(x)g(x)$ に，第2項は $f(x)g'(x)$ にそれぞれ収束する．

(iv) については，

$$\frac{1}{h}\left\{\frac{g(x+h)}{f(x+h)} - \frac{g(x)}{f(x)}\right\} = \frac{g(x+h)f(x)-f(x+h)g(x)}{hf(x+h)f(x)} = \frac{(g(x+h)-g(x))f(x)-(f(x+h)-f(x))g(x)}{hf(x+h)f(x)}$$

と変形されるが，右辺は $h\to 0$ のとき $\dfrac{g'(x)f(x)-g(x)f'(x)}{f(x)^2}$ に収束する． ∎

例 2.14

（1） $f(x)=ax^2+bx+c$ の導関数は $(x^2)'=2x$, $(x)'=1$ であるから，命題 2.13(i), (ii) より，$f'(x)=2ax+b$.

（2） $f(x)=\dfrac{x-1}{x+1}$ の導関数は (iv) を使えば，

$$\left(\frac{x-1}{x+1}\right)' = \frac{(x+1)-(x-1)}{(x+1)^2} = \frac{2}{(x+1)^2}.$$

□

これを一般化して次が得られる．

例題 2.15

$$\left(\frac{ax+b}{cx+d}\right)' = \frac{ad-bc}{(cx+d)^2}.$$

［解］ 命題 2.13(iv)より，

$$\left(\frac{ax+b}{cx+d}\right)' = \frac{a(cx+d)-c(ax+b)}{(cx+d)^2} = \frac{ad-bc}{(cx+d)^2}.$$ ∎

例題 2.10 と命題 2.13 からただちに次が成り立つ．

命題 2.16

(i) 多項式の導関数はもとの多項式より次数が1だけ低い多項式である．

(ii) 有理関数の導関数は有理関数である． □

問 4

$$\cosh x = \frac{e^x+e^{-x}}{2}, \quad \sinh x = \frac{e^x-e^{-x}}{2}$$

とおくとき，$(\cosh x)' = \sinh x$, $(\sinh x)' = \cosh x$ を示せ($\cosh x$, $\sinh x$ をそれぞれ双曲余弦関数，双曲正弦関数と言う)．

例題 2.17

$$(\tan x)' = \sec^2 x, \quad (\cot x)' = -\mathrm{cosec}^2 x$$

を示せ．ただし，$\sec x = 1/\cos x$, $\mathrm{cosec} = 1/\sin x$ と定義する．

［解］ $(\tan x)'$ については $\tan x = \sin x/\cos x$ であるから，(2.8)を使えば，命題 2.13(iv)より得られる．同様に，$\cot x = \cos x/\sin x$ を使って，$(\cot x)'$ の公式も得る． ∎

問 5 次の関数を微分せよ．

(1) $\dfrac{e^x-e^{-x}}{e^x+e^{-x}}$　(2) $\dfrac{x+1}{x(x-1)(x-2)}$　(3) $\dfrac{1}{x^2}+\dfrac{1}{x}+1+x+x^2$

(d) 合成関数および逆関数の微分

次の公式は応用上きわめて有用である．

命題 2.18（合成関数の微分）　$f(x)$ は (a,b) において微分可能とし，その値域は (α,β) に含まれるものとする．$g(x)$ が (α,β) で微分可能ならば，合成関数 $F(x)=g\circ f(x)$ は，(a,b) 上微分可能であって，

$$F'(x)=g'(f(x))f'(x)\,. \tag{2.9}$$

［証明］　まず，

$$\begin{aligned}\frac{F(x+h)-F(x)}{h}&=\frac{g(f(x+h))-g(f(x))}{h}\\&=\frac{g(f(x+h))-g(f(x))}{f(x+h)-f(x)}\cdot\frac{f(x+h)-f(x)}{h}\end{aligned}$$

と変形する．$h\to 0$ のとき $f(x+h)\to f(x)$，および

$$\lim_{t\to f(x)}\frac{g(t)-g(f(x))}{t-f(x)}=g'(f(x))$$

に注意すれば(2.9)が得られる．$h\to 0$ のとき $f(x+h)=f(x)$ をみたす h が無限個ある場合には，この論法は正しくない．このときには，$f'(x)=F'(x)=0$ が結論されるので，等式(2.9)はやはり成り立つ．　■

例 2.19

（1）　$(f(ax+b))'=af'(ax+b)$

（2）　$(f(x^2))'=2xf'(x^2)$

（3）　$\left(\sqrt{f(x)}\right)'=\dfrac{f'(x)}{2\sqrt{f(x)}}$　（ただし $f(x)>0$ とする）

（4）　$(f(x)^n)'=nf(x)^{n-1}f'(x)$　□

例題 2.20

$$(\sin\lambda x)'=\lambda\cos\lambda x,\quad (\cos\lambda x)'=-\lambda\sin\lambda x.$$

［解］　$f(x)=\lambda x$, $g(x)=\sin x$ とおくと $\sin\lambda x=g\circ f(x)$ である．$f'(x)=\lambda$, $g'(x)=\cos x$ に注意すれば，(2.9)より，前半の等式を得る．後半の等式も同様である．　■

例題 2.21　$a>0$ のとき，$(a^x)'=a^x\cdot\log a$.

［解］　実際，(1.43), (2.7), (2.9)より

$$(a^x)'=(e^{x\log a})'=e^{x\log a}\cdot\log a=\log a\cdot a^x.$$　■

補題 2.22　$f(x)$ が $[a,b]$ 上微分可能でかつ単調増加(定義 1.79 参照)ならば，$f'(x) \geqq 0$ である．

［証明］　任意の点 $c \in [a,b]$ に対して，正数 h をとると，仮定より

$$f(c+h) \geqq f(c), \quad f(c) \geqq f(c-h).$$

したがって，

$$\frac{f(c+h)-f(c)}{h} \geqq 0, \quad \frac{-f(c)+f(c-h)}{-h} \geqq 0.$$

左辺は共に，$h \downarrow 0$ のとき $f'(c)$ に収束するので $f'(c) \geqq 0$ である．∎

例えば，関数 $f(x)=x^3$ $(-1 \leqq x \leqq 1)$ は単調増加であって，$f'(x)=3x^2 \geqq 0$ である．

問 6　次の関数の中で単調増加なものはどれか？　またそのとき，$f'(x) \geqq 0$ となることを確かめよ．

(1) $\sin x \quad (0 \leqq x \leqq \pi/2)$

(2) $\cos x \quad (-\pi/2 \leqq x \leqq \pi/2)$

(3) $e^x - e^{-2x} \quad (-\infty < x < \infty)$

(4) $\dfrac{x}{1+x^2} \quad (-\infty < x < \infty)$

(5) $\sqrt{x^2+x+1} \quad (-1/2 \leqq x \leqq 1)$

注意 2.23　逆に $f'(x) \geqq 0$ ならば，$f(x)$ が単調増加である．この事実は§2.2 に示される．

$y=f(x)$ が $[a,b]$ 上で狭義単調増加(または減少)でかつ微分可能とする．$f(x)$ の値域を $[\alpha,\beta]$ とするとき，f の逆関数 $g(y)$ は $[\alpha,\beta]$ 上定義された連続関数であった(命題 1.80)．さらに次のことが言える．

命題 2.24　$[a,b]$ 上いたるところで $f'(x) \neq 0$ ならば，$f(x)$ の逆関数 $g(y)$ は，$[\alpha,\beta]$ 上で微分可能であって，$g'(f(x)) \cdot f'(x) = 1$．すなわち

$$g'(f(x)) = \frac{1}{f'(x)}. \tag{2.10}$$

［証明］　任意の点 $\gamma \in [\alpha,\beta]$ に対して，$c=g(\gamma)$ は $f(c)=\gamma$ をみたす．絶対値の十分小さい任意の数 η に対して，$g(\gamma+\eta)-g(\gamma)=h$ とおくと，$\eta = f(c+h)-f(c)$．ゆえに

$$\frac{g(\gamma+\eta)-g(\gamma)}{\eta} = \frac{h}{f(c+h)-f(c)}.$$

$\eta\to 0$ のとき，$h\to 0$ であって，右辺は $1/f'(c)$ に収束する．すなわち $g'(\gamma)=1/f'(c)$．$\gamma=f(c)$ であるから，(2.10)が成り立つ． ∎

例 2.25　$f(x)=x^3$ $(-\infty<x<\infty)$ に対して，逆関数 $x=g(y)$ は $g(y)=\sqrt[3]{y}$ $(-\infty<y<\infty)$ で与えられる．

$f'(x)=3x^2$ であるから，$x\neq 0$ ならば $f'(x)\neq 0$．したがって $y\neq 0$ ならば，

$$g'(y) = \frac{1}{3x^2} = \frac{1}{3}\frac{1}{\sqrt[3]{y^2}}.$$

$y=0$ のときは，$g'(0)$ は存在しない． □

問 7　次の関数の逆関数および逆関数の導関数を求めよ．

(1)　$f(x)=2-x$　$(-\infty<x<\infty)$　　(2)　$f(x)=x-\dfrac{1}{x}$　$(x>0)$

例題 2.25 において，x, y をとり替えて，

$$(\sqrt[3]{x})' = (x^{1/3})' = \frac{1}{3}x^{-2/3}$$

となる．

問 8　一般に n が正整数のとき，

$$(\sqrt[n]{x})' = (x^{1/n})' = \frac{1}{n}x^{1/n-1} \quad (x>0)$$

が成り立つことを証明せよ．

さらに一般に，任意の有理数 $\lambda=q/p$ (p は正整数，q は整数)に対して，ベキ関数 $f(x)=x^{q/p}$ $(x\geqq 0)$ の導関数は，等式 $x^{q/p}=(x^{1/p})^q$ に注意して(2.9)より

$$(x^{q/p})' = q(x^{1/p})^{q-1} \cdot \frac{1}{p} x^{1/p-1} = \frac{q}{p} x^{q/p-1} \quad (x > 0). \qquad (2.11)$$

この公式は λ が任意の実数ベキでも成り立つことが例題2.28で示される.

命題 2.26

$$(\log |x|)' = \frac{1}{x} \quad (x \neq 0). \qquad (2.12)$$

［証明］　$\log y$ $(y>0)$ は $y=f(x)=e^x$ の逆関数である. $f'(x)=e^x$ であるから, (2.10)より

$$(\log y)' = \frac{1}{e^x} = \frac{1}{y}.$$

$y<0$ のときは, $(\log|y|)'=(\log(-y))'=-(-1/y)=1/y$. x と y をとり替えて(2.12)を得る. ∎

系 2.27　$f(x) \neq 0$ ならば

$$(\log |f(x)|)' = \frac{f'(x)}{f(x)}. \qquad (2.13)$$

右辺を $f(x)$ の対数微分と言う. □

実際, $\log f(x)$ は $g(x)=\log x$ とおくことにより, $g \circ f(x)$ と書ける. したがって, (2.12)より(2.13)が得られる.

積 $f(x)=f_1(x)\cdots f_r(x)$ $(f_j(x) \neq 0)$ に対しては,

$$\log |f(x)| = \sum_{j=1}^{r} \log |f_j(x)|$$

が成り立つから, 両辺を微分して

$$\frac{f'(x)}{f(x)} = \sum_{j=1}^{r} \frac{f_j'(x)}{f_j(x)} \qquad (2.14)$$

が得られる. この公式は対数微分法と呼ばれていて, 命題2.13(iii)の一般化で積の微分を計算するのに役立つ.

例題 2.28　λ を定数とするとき,

$$(x^\lambda)' = \lambda x^{\lambda-1} \quad (x > 0).$$

[解]　$x^\lambda = e^{\lambda \log x}$ であるから,

$$(x^\lambda)' = \lambda(\log x)' e^{\lambda \log x} = \frac{\lambda}{x} x^\lambda = \lambda x^{\lambda-1}.$$

∎

問9　(2.14)を使って

$$((x-a_1)^{m_1} \cdots (x-a_n)^{m_n})' = (x-a_1)^{m_1} \cdots (x-a_n)^{m_n} \sum_{j=1}^{n} \frac{m_j}{x-a_j}$$

を示せ．ただし，$m_1, m_2, \cdots, m_n$ は整数とする．

問10　$(\log|\sin x|)' = \cos x/\sin x$, $(\log|\cos x|)' = -\sin x/\cos x$ を示せ．

例題2.29　$(\arcsin x)' = \dfrac{1}{\sqrt{1-x^2}}$, $(\arccos x)' = -\dfrac{1}{\sqrt{1-x^2}}$ $(-1 < x < 1)$ を示せ．

[解]　$y = \sin x$ は $-\pi/2 \leqq x \leqq \pi/2$ で狭義単調増加で，$-1 \leqq y \leqq 1$ で $\dfrac{dy}{dx} = \cos x = \sqrt{1-y^2}$．この逆関数が $x = \arcsin y$ であるから,

$$\frac{dx}{dy} = \frac{1}{\cos x} = \frac{1}{\sqrt{1-y^2}}.$$

同様に，$y = \cos x$ は $0 \leqq x \leqq \pi$ で狭義単調減少で，$-1 \leqq y \leqq 1$ で逆関数が $x = \arccos y$．よって

$$\frac{dx}{dy} = \frac{-1}{\sin x} = -\frac{1}{\sqrt{1-y^2}}.$$

x と y をとり替えて公式を得る．　∎

同様にして，例題2.17を適用し $(\arctan x)' = 1/(1+x^2)$ $(-\infty < x < \infty)$ を得る．

例題2.29の公式は次のように拡張される．

$$\begin{cases} \left(\arcsin \dfrac{x}{a}\right)' = \dfrac{1}{\sqrt{a^2-x^2}} \\ \left(\arccos \dfrac{x}{a}\right)' = \dfrac{-1}{\sqrt{a^2-x^2}} \qquad (a>0) \\ \left(\arctan \dfrac{x}{a}\right)' = \dfrac{a}{a^2+x^2} \end{cases} \tag{2.15}$$

問11　(2.15)を証明せよ.

(e)　複素化

2次方程式 $x^2=-1$ は2つの根 $\sqrt{-1}$, $-\sqrt{-1}$ を持つ.

$$\alpha+\beta\sqrt{-1} \quad (\text{ただし，}\alpha, \beta \text{ は実数で，} \beta \neq 0)$$

の形のものを数と考えて，**虚数**(imaginary number)と言う．$\sqrt{-1}$ を i とも表す．i は imaginary の頭をとって記号にしたものである．実数と虚数を合わせて，**複素数**(complex number)と言い，複素数全体を $\mathbb{C}$ で表す.

複素係数 $a_k=\alpha_k+i\beta_k$ $(\alpha_k, \beta_k \in \mathbb{R})$ の n 次多項式

$$\begin{aligned} f(x) &= a_0x^n+a_1x^{n-1}+\cdots+a_n \\ &= \alpha_0x^n+\alpha_1x^{n-1}+\cdots+\alpha_n+i(\beta_0x^n+\beta_1x^{n-1}+\cdots+\beta_n) \end{aligned}$$

の導関数は

$$\begin{aligned} f'(x) &= n\alpha_0x^{n-1}+(n-1)\alpha_1x^{n-2}+\cdots+\alpha_{n-1} \\ &\quad +i(n\beta_0x^{n-1}+(n-1)\beta_1x^{n-2}+\cdots+\beta_{n-1}) \\ &= na_0x^{n-1}+(n-1)a_1x^{n-2}+\cdots+a_{n-1} \end{aligned}$$

と定義される.

同様に，複素係数の有理関数

$$f(x) = \frac{q(x)}{p(x)} \quad (p(x), q(x) \text{ は多項式})$$

の場合も命題2.13(iv)の微分公式

$$f'(x) = \frac{q'(x)p(x)-p'(x)q(x)}{p(x)^2}$$

がそのまま成り立つ.

例 2.30　$f(x)=1/(x+i)$ の場合,

$$f(x) = \frac{x-i}{x^2+1} = \frac{x}{x^2+1} - i\frac{1}{x^2+1}.$$

定義により

$$\begin{aligned} f'(x) &= \left(\frac{x}{x^2+1}\right)' - i\left(\frac{1}{x^2+1}\right)' \\ &= \frac{x^2+1-2x^2}{(x^2+1)^2} + i\frac{2x}{(x^2+1)^2} = \frac{1-x^2}{(x^2+1)^2} + i\frac{2x}{(x^2+1)^2} \end{aligned}$$

であるが，これは $-\dfrac{1}{(x+i)^2}$ に等しい.　□

さらに

$$e^{ix} = \cos x + i\sin x \tag{2.16}$$

とおくと,

$$(e^{ix})' = -\sin x + i\cos x = i(\cos x + i\sin x) = ie^{ix}.$$

実際，実部と虚部の導関数はそれぞれ $(\cos x)' = -\sin x$, $(\sin x)' = \cos x$ である. これは，通常の微分公式 $(e^{\lambda x})' = \lambda e^{\lambda x}$ に，$\lambda = i$ を形式的に代入したものと一致する.

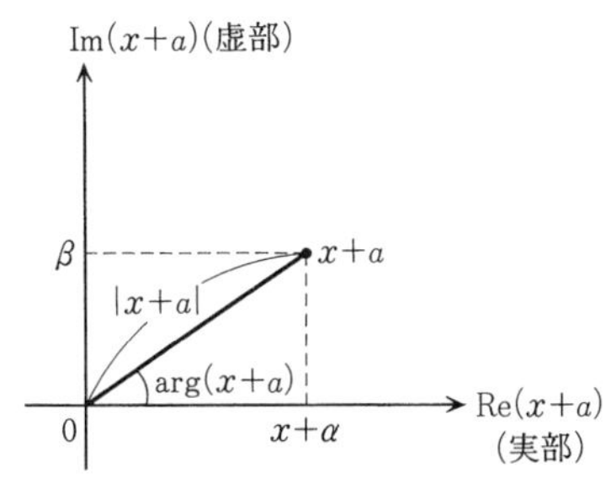

図 2.3　$x+a$ の複素平面表示

対数関数の場合も同様である．複素数 $a=\alpha+i\beta$ $(\alpha,\beta\in\mathbb{R})$ に対して，

$$\log(x+a)=\log|x+a|+i\arg(x+a)$$

($|\ \ |$ は $x+a$ の絶対値 $\sqrt{(x+\alpha)^2+\beta^2}$，arg は複素平面での偏角(argument)，図2.3参照)とおくと，形式的に

$$\begin{aligned}\{\log(x+a)\}'&=\frac{1}{x+\alpha+i\beta}=\frac{x+\alpha-i\beta}{(x+\alpha)^2+\beta^2}\\&=\frac{x+\alpha}{(x+\alpha)^2+\beta^2}-i\frac{\beta}{(x+\alpha)^2+\beta^2}\end{aligned}$$

を得る．一方，右辺を微分すると

$$(\log|x+a|)'=\{\log\sqrt{(x+\alpha)^2+\beta^2}\}'=\frac{x+\alpha}{(x+\alpha)^2+\beta^2}$$

$$(\arg(x+a))'=\left\{\arctan\frac{\beta}{x+\alpha}\right\}'=\frac{-\beta}{(x+\alpha)^2+\beta^2}$$

となって両者は合致する．

このように微分公式を複素数に拡張しておくことは，公式を簡単に記述するのにしばしば便利である．のみならず，さらに一歩進んで x を複素変数に拡張することによって関数のより深い理解が得られるのである(『複素関数入門』を参照)．

§2.2　関数の増減と極大極小

関数の微分は，関数の増減，極大・極小，関数の間の大小関係を調べるのに活用される．それらの基礎となるロルの定理，平均値の定理を学ぶ．

(a)　微係数の正負と関数の増減

関数 $f(x)$ の $x=c$ における微係数 $f'(c)$ が正ならば，$x=c$ における $f(x)$ のグラフの接線 L は勾配が正であるから，右側上向きである．$f(x)$ のグラフは $x=c$ の近傍では L によって近似されている．したがって，直観的に見て $f(x)$ は $x=c$ の近傍で増加状態にある．すなわち，次の事実が成り立つ．

微分積分学のあけぼの

微分積分学の創始者はニュートン(I. Newton, 1642–1727)とライプニッツ(G. W. Leibniz, 1646–1716)であると言われている.

ニュートンは最初無限小の概念から出発したらしい. 流体の描像から微分係数のことを流率(fluxion), 増分のことを経過した時間に対応する流量(fluent)と呼んだ. 時間は一様に流れてゆくものと考えた. そして, 関数は, 時間と共に変化する運動ととらえていた.

一方, ライプニッツは微分積分を代数的にとらえた. $\dfrac{dy}{dx}$ や $\int$ などの記号は彼に由来する.

日本における和算でも円周の長さや面積を求める独特の手法が, ほぼ同時代に関孝和や建部賢弘らによって始められた. しかし, 問題の対象が限られていたこともあって, その後の大きな飛躍は得られていない.

命題 2.31 $[a,b]$ 上で定義された微分可能な関数 $f(x)$ が $x=c$ で $f'(c)>0$ ならば, 十分小さい任意の正数 h に対して,

$$f(c-h)<f(c)<f(c+h).$$

すなわち, $f(x)$ は $x=c$ において増加する. $x=c$ で $f'(c)<0$ ならば

$$f(c-h)>f(c)>f(c+h).$$

すなわち, $f(x)$ は $x=c$ において減少する.

［証明］ $f'(c)>0$ の場合のみ示せば十分である. (2.3)より

$$f(c+h)=f(c)+h(f'(c)+\phi(c,h)),$$
$$f(c-h)=f(c)-h(f'(c)+\phi(c,-h)).$$

$h\to 0$ のとき $\phi(c,\pm h)\to 0$ であったから, 正数 δ を十分小さくとれば, $0<h<\delta$ のとき

$$|\phi(c,\pm h)|<f'(c)$$

をみたすようにできる. したがって $f'(c)+\phi(c,\pm h)>0$. ゆえに $f(c+h)-f(c)>0$, $f(c-h)-f(c)<0$ が成り立つ. $f'(c)<0$ のときも同様に証明することができる. ∎

例 2.32　$y=\sin x$ $(0\leqq x\leqq\pi)$ の導関数は $(\sin x)'=\cos x$ である．$0\leqq x<\pi/2$ のとき $\cos x>0$，$\pi/2<x\leqq\pi$ のとき $\cos x<0$ であるから，$y=\sin x$ は $0\leqq x<\pi/2$ で増加し $\pi/2<x\leqq\pi$ で減少する．$c=\pi/2$ のときは，$h>0$ のとき $\sin(\pi/2+h)<\sin\pi/2=1$，$\sin(\pi/2-h)<\sin\pi/2=1$ であるので，増加から減少に転じる点である．　□

問 12　次の関数について増加する範囲を求めよ．

(1) $y=\sqrt{x(1-x)}$　$(0\leqq x\leqq 1)$　　(2) $y=(x^2-1)^2$　$(-\infty<x<\infty)$

(b)　ロルの定理

定義 2.33　$f(x)$ が $[a,b]$ 上定義された連続関数とする．$[a,b]$ の点 c において，十分小さいすべての正数 h に対して，

$$f(c-h)\leqq f(c),\quad f(c)\geqq f(c+h)$$

をみたすならば，$f(x)$ は $x=c$ で極大，$f(c)$ を**極大値**と言う．これに対して，

$$f(c-h)\geqq f(c),\quad f(c)\leqq f(c+h)$$

がみたされているとき，$f(x)$ は $x=c$ で極小，$f(c)$ を**極小値**と言う．　□

最大値はつねに極大値であり，最小値はつねに極小値である．しかし，極大値は必ずしも最大値ではなく，極小値は必ずしも最小値とはならない．

例 2.34　関数 $f(x)=x^3-x$ $(-1\leqq x\leqq 2)$ は，$x=-1/\sqrt{3}$, $x=2$ で極大となり，$x=1/\sqrt{3}$ で極小となる．しかし，$f(-1/\sqrt{3})$ では $f(x)$ は最大値ではない．実際，$f(-1/\sqrt{3})=2/(3\sqrt{3})<6=f(2)$ となっている．　□

命題 2.35　$f(x)$ が (a,b) で微分可能とする．(a,b) の1点 c で $f(x)$ が極大または極小ならば，$f'(c)=0$ である．

［証明］　$x=c$ で $f(x)$ が極大のときに示せば十分である．実際，

$$f'(c)=\lim_{h\downarrow 0}\frac{f(c-h)-f(c)}{-h}\geqq 0,$$

$$f'(c)=\lim_{h\downarrow 0}\frac{f(c+h)-f(c)}{h}\leqq 0.$$

ゆえに $f'(c)=0$. ∎

次の定理は，微分可能な関数の特徴をよく表している．

定理 2.36（ロル(Rolle)の定理）　$f(x)$ は $[a,b]$ 上で連続，(a,b) で微分可能とする．もしも，$f(a)=f(b)$ ならば，$c\in(a,b)$ があって，$f'(c)=0$ となっている．

［証明］　$f(x)$ が $[a,b]$ 上で定数ならば，(a,b) 内の任意の点 c で $f'(c)=0$ であるから明らか．そこで，ある点 u で $f(u)\neq f(a)$ と仮定する．簡単のために，$f(u)>f(a)$ と仮定する．$f(x)$ は $[a,b]$ 上で連続だから，適当な $c\in[a,b]$ を選べば，$f(c)$ が $f(x)$ の最大値となる．$f(c)\geqq f(u)$ だから c は a,b と異なる．命題 2.35 により，$f'(c)=0$ となる．

$f(u)<f(a)$ となる場合には，$f(c)$ が最小値となる点 c をとって，同様な議論をすればよい． ∎

例 2.37

$$f(x)=x^{\alpha}(1-x)^{\beta}\quad(0\leqq x\leqq 1,\ \alpha,\beta>0)$$

の最大値を求めてみよう．$f(0)=f(1)=0$, $f(x)\geqq 0$ である．

$$\begin{aligned}f'(x)&=\alpha x^{\alpha-1}(1-x)^{\beta}-\beta x^{\alpha}(1-x)^{\beta-1}\\&=x^{\alpha-1}(1-x)^{\beta-1}\{\alpha(1-x)-\beta x\}\\&=x^{\alpha-1}(1-x)^{\beta-1}\{\alpha-(\alpha+\beta)x\}.\end{aligned}$$

$c\in(0,1)$ で $f'(c)=0$ となるのは，$c=\alpha/(\alpha+\beta)$ のときのみである．したがって $c=\alpha/(\alpha+\beta)$ で $f(x)$ は極大値 $f(\alpha/(\alpha+\beta))=(\alpha^{\alpha}\beta^{\beta})/(\alpha+\beta)^{\alpha+\beta}$ を持つ．これはまた，$f(x)$ の最大値にもなっている．

このように，区間の内点で極小値を持たず，ただひとつの極大値を持つ関数のグラフは**単峰形**であると言う． □

注意 2.38　$f'(c)=0$ だからといって，$f(c)$ が極大または極小となるとは限らない．例えば，$f(x)=x^3$ $(-1\leqq x\leqq 3)$ は $f'(0)=0$ であるが，$f(0)=0$ は $f(x)$ の極大値でも極小値でもない．

問 13　$f(x)=\sin x+(1/3)\sin 3x$ $(0 \leqq x \leqq \pi)$ のとき，$f'(x)=0$ となる点を求め，それが極大値か極小値かを調べよ．

注意 2.39　$f(x)$ $(x \in [a,b])$ が単に連続であるだけでは，$f'(c)=0$ となる $c \in (a,b)$ は必ずしも存在しない．例えば，

$$f(x)=\begin{cases} x+1 & (-1 \leqq x \leqq 0) \\ 1-x & (0 \leqq x \leqq 1) \end{cases}$$

は連続であるが，$x=0$ で微分可能ではない．$f(0)=1$ は $f(x)$ の最大値ではあるが，$f'(0)$ は存在しない．

(c)　平均値の定理

ロルの定理を一般化した平均値の定理について述べよう．

$f(x)$ が $[a,b]$ で定義された連続関数のとき，点 $(a,f(a)),(b,f(b))$ を結ぶ直線 S の方程式は

$$y=f(a)+\frac{f(b)-f(a)}{b-a}(x-a) \tag{2.17}$$

で与えられる．S と平行な $f(x)$ のグラフの適当な接線 L を引くことができるだろうか？

例 2.40　$f(x)=x^2$ $(x \in [a,b])$ を考えると，

$$S:\ y=a^2+(a+b)(x-a)=(a+b)x-ab$$

で与えられる．$f(x)$ のグラフの点 $(c,f(c))$ での接線の方程式は

$$L:\ y=c^2+2c(x-c)=2cx-c^2.$$

L と S が平行になるのは，$2c=a+b$．すなわち，$c=(a+b)/2$ のときである．明らかに $a<c<b$ であるので，これは可能である．□

問 14　$f(x)=x^3$ $(x \in [a,b])$ のときも上記のことが可能なことを示せ．

実は，$f(x)$ が (a,b) で微分可能ならば，このような接線をいつも引くこと

ができる．この事実は平均値の定理，またはラグランジュ(Lagrange)の定理と呼ばれていて，微積分学の中でも，最も美しくかつ有用な定理の1つである．すなわち，

定理 2.41 (平均値の定理)　$f(x)$ は $[a,b]$ 上で連続，(a,b) で微分可能とする．このとき，

$$\frac{f(b)-f(a)}{b-a}=f'(c) \tag{2.18}$$

をみたす $c\in(a,b)$ が少なくとも1つ存在する．

［証明］　ロルの定理を利用する．

$$g(x)=f(x)-\frac{f(b)-f(a)}{b-a}(x-a)$$

とおくと，$g(a)=g(b)=f(a)$ である．$g(x)$ はロルの定理の条件をみたしている．したがって $c\in(a,b)$ が存在して，$g'(c)=0$．すなわち(2.18)が得られる．∎

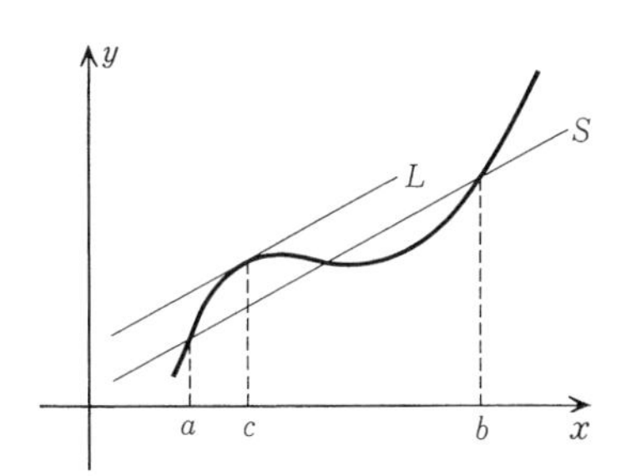

図 2.4　平均値の定理

問 15　次の $f(x)$ に対して，平均値の定理における(2.18)をみたす c を求めよ．ただし $\alpha\neq 0$ とする．

(1) $f(x)=\alpha x^2+\beta x+\gamma \quad (-\infty<x<\infty)$　　(2) $f(x)=\sqrt{x} \quad (x\geqq 0)$

系 2.42　$f(x)$ が $[a,b]$ で微分可能，かつ，いたるところ $f'(x)=0$ であれば，$f(x)$ は定数である．

［証明］　$a \leqq \alpha < \beta \leqq b$ となる任意の数の組 α, β に対して，平均値の定理より

$$f(\beta)-f(\alpha) = f'(c)(\beta-\alpha) \tag{2.19}$$

となる $c \in (\alpha, \beta)$ がある．仮定から $f'(c)=0$ であるので，$f(\beta)=f(\alpha)$．つまり $f(x)$ は $[a,b]$ において定数である．　■

系 2.43　$f(x)$ が $[a,b]$ で微分可能，かつ，いたるところ $f'(x) \geqq 0$ とする．このとき $f(x)$ は $[a,b]$ 上で単調増加である．特に $f(a) \leqq f(b)$．

また，もしも (a,b) で $f'(x)>0$ ならば $f(x)$ は狭義単調増加である．

［証明］　任意の $\alpha<\beta$ に対して(2.19)において $f'(c) \geqq 0$ であるから，$f(\beta)-f(\alpha) \geqq 0$．$f'(c)>0$ ならば $f(\beta)-f(\alpha)>0$ である．　■

例題 2.44　$x>0$ ならば $\sin x<x$ であることを示せ．

［解］　関数 $f(x)=x-\sin x$ は $x>0$ において微分可能で $f'(x)=1-\cos x \geqq 0$．特に $0<x<\pi/2$ ならば $f'(x)>0$ である．系 2.43 により $f(x)$ は $[0,\pi/2]$ で狭義単調増加である．$f(0)=0$ であるから，$x>0$ のとき $f(x)>0$．　■

同様な議論により次の不等式が成り立つ．

例 2.45

（1）　$\cos x \geqq 1-\dfrac{x^2}{2} \quad (-\pi/2<x<\pi/2)$

（2）　$x-\dfrac{x^3}{6}<\sin x \quad (0<x<\pi/2)$

（3）　$1+\lambda x<(1+x)^{\lambda} \quad (\lambda>1,\ 0<x)$

（4）　$1+x<e^x \quad (x \neq 0)$

（5）　$|e^x-1| \leqq e|x| \quad (|x| \leqq 1)$

（6）　$x-\dfrac{x^2}{2}<\log(1+x)<x \quad (0<x)$　□

問 16　上の不等式を証明せよ．

平均値の定理を用いて，次の拡張定理を示すことができる．

命題 2.46　$f(x)$ は (a,b) で微分可能とし，右極限 $f(a+0)=\lim_{h \downarrow 0} f(a+h)$，

$f'(a+0) = \lim_{h\downarrow 0} f'(a+h)$ が存在するものとする．このとき，

$$F(x) = \begin{cases} f(x) & (a < x < b) \\ f(a+0) & (x = a) \end{cases}$$

と定義すれば，$F(x)$ は $[a,b)$ で微分可能で，$D_+F(a) = f'(a+0)$ が成り立つ．

［証明］ $F(x)$ は $[a,b)$ で連続，(a,b) で微分可能になる．h を十分小さい正数とするとき，平均値の定理より，

$$F(a+h) - F(a) = f'(c)h$$

をみたす c $(a < c < a+h)$ がある．$h\downarrow 0$ のとき，$a+h\downarrow a$, $c\downarrow a$ であり，かつ，仮定から $\lim_{h\downarrow 0} f'(c) = f'(a+0)$ となるので

$$\lim_{h\downarrow 0} \frac{F(a+h)-F(a)}{h} = f'(a+0).$$

∎

例題 2.47

$$f(x) = \begin{cases} \dfrac{x}{e^x - 1} & (x \neq 0) \\ 1 & (x = 0) \end{cases}$$

は，$-\infty < x < \infty$ で微分可能であることを示し，$f'(0)$ を求めよ．

［解］ $\lim_{x\to 0} f(x) = 1$ は前に示した((1.42)参照)．$x \neq 0$ のとき

$$\begin{aligned} f'(x) &= \frac{1}{e^x - 1} - \frac{xe^x}{(e^x-1)^2} \\ &= \frac{e^x - 1 - xe^x}{(e^x-1)^2} = \frac{-x(e^x-1) + e^x - 1 - x}{(e^x-1)^2}. \end{aligned}$$

一方，(1.40), (1.42) より

$$\lim_{x\to 0} \frac{e^x-1-x}{(e^x-1)^2} = \lim_{x\to 0} \frac{e^x-1-x}{x^2} \frac{x^2}{(e^x-1)^2} = \frac{1}{2},$$

$$\lim_{x\to 0} \frac{x(e^x-1)}{(e^x-1)^2} = \lim_{x\to 0} \frac{x}{e^x-1} = 1$$

であるから，命題 2.46 より $f'(0) = \lim_{x\downarrow 0} f'(x) = -1/2$.

∎

例題 2.48　次の $f(x)$ は $-\infty<x<\infty$ で微分可能であることを示し，$f'(0)=0$ を示せ．

$$f(x)=\begin{cases} e^{-1/x} & (x>0) \\ 0 & (x\leqq 0) \end{cases}$$

［解］　$x>0$ のとき，定義より

$$e^{1/x}>1+\frac{1}{x}+\frac{1}{2x^2}>\frac{1}{2x^2}.$$

よって，$\lim_{x\downarrow 0} xe^{1/x}=\infty$．すなわち

$$\lim_{x\downarrow 0}\frac{e^{-1/x}}{x}=\lim_{x\downarrow 0}\frac{1}{xe^{1/x}}=0.$$

ゆえに，$D_+f(0)=0$．一方 $D_-f(0)=0$ は明らか．よって，$f'(0)=0$．　■

問 17　次の $f(x)$ は，$-\pi/2<x<\pi/2$ で微分可能であることを示し，$f'(0)$ を求めよ．

$$f(x)=\begin{cases} \dfrac{\sin x}{x} & (x\neq 0) \\ 1 & (x=0) \end{cases}$$

§2.3　高階の導関数

微分は何回も繰り返すことができる．具体的な関数についてその計算法を示す．

(a)　定　義

関数 $f(x)=x^n$（n は自然数）の導関数は $f'(x)=nx^{n-1}$ である．これを r 回繰り返せば，r 階の導関数

$$f^{(r)}(x)=\begin{cases} n(n-1)\cdots(n-r+1)x^{n-r} & (r\leqq n) \\ 0 & (r\geqq n+1) \end{cases}$$

が得られる．

一般に，関数 $y=f(x)$ を r 回微分した関数を $f(x)$ の r 階導関数と言い，$f^{(r)}(x)$ あるいは $\left(\dfrac{d}{dx}\right)^r f(x)$, $\dfrac{d^r f(x)}{dx^r}$ などと記す．したがって，$f^{(r)}(x)$ は帰納的に

$$f^{(r+1)}(x) = \frac{d}{dx} f^{(r)}(x) \tag{2.20}$$

によって定義される．$r=2,3$ のときは簡単に $f^{(2)}(x)=f''(x)$, $f^{(3)}(x)=f'''(x)$ とも表す．

$f(x)$ が n 回まで微分可能なとき，$f(x)$ は n 回微分可能であると言う．さらに，$f^{(n)}(x)$ が連続であるならば，$f(x)$ は n 回**連続的微分可能**であると言う．何回でも微分可能なとき，$f(x)$ は**無限回微分可能**であると言う．明らかに，$f(x)$ が n 回微分可能なとき，$f^{(r)}(x)$ $(r<n)$ は $(n-r)$ 回微分可能である．$f(x)$ が無限回微分可能ならば，$f^{(r)}(x)$ もまたそうである．

$x=c$ での $f^{(r)}(x)$ の値は $f^{(r)}(c)$, $\left(\dfrac{d}{dx}\right)^r f(c)$, $\dfrac{d^r f(c)}{dx^r}$ などと記す．

例 2.49　任意の多項式 $f(x)$ は x^n の有限個の線形結合

$$f(x) = a_0x^n + \cdots + a_n$$

であるから，$r \leqq n$ のとき，

$$\left(\frac{d}{dx}\right)^r f(x) = a_0 n(n-1)\cdots(n-r+1)x^{n-r} + \cdots + a_{n-r}r!.$$

$r>n$ のときは，つねに $\left(\dfrac{d}{dx}\right)^r f(x)=0$ である．

したがって，多項式は $(-\infty,\infty)$ で無限回微分可能である．　□

例 2.50　$f(x)=x^{3/2}$ $(x \geqq 0)$, $=0$ $(x<0)$ の導関数は $f'(x)=(3/2)\sqrt{x}$ $(x \geqq 0)$, $=0$ $(x<0)$ であるが $f'(x)$ は $x=0$ で微分可能ではないので，$f(x)$ は 1 回微分可能だが，2 回微分可能ではない．　□

問 18　次の関数は何回微分できるか？

(1) $f(x)=\begin{cases} x^{7/3} & (x \geqq 0) \\ 0 & (x<0) \end{cases}$　　(2) $f(x)=\begin{cases} x^2 & (x \geqq 0) \\ 0 & (x<0) \end{cases}$

定義 2.51　一般に $\lambda \geqq 0$ に対し，

$$(x-a)_+^\lambda = \begin{cases} (x-a)^\lambda & (x \geqq a) \\ 0 & (x < a) \end{cases}$$

とおくとき，これらの線形結合

$$\sum_{j=1}^{r} c_j (x-a_j)_+^\lambda \quad (c_j, a_j \in \mathbb{R})$$

によって表示される $\mathbb{R}$ 上の関数を λ 次のスプライン(spline)関数と言う．　□

問 19　λ 次のスプライン関数は何回微分可能か？

例 2.52　初等関数の高階導関数は次の通りである．

(1)　$\left(\dfrac{d}{dx}\right)^r e^{\lambda x} = \lambda^r e^{\lambda x} \quad (r \geqq 0)$

(2)　$\left(\dfrac{d}{dx}\right)^r x^\lambda = \lambda(\lambda-1)\cdots(\lambda-r+1)x^{\lambda-r} \quad (x>0,\ r \geqq 0)$

(3)　$\left(\dfrac{d}{dx}\right)^r \sin x = \begin{cases} (-1)^m \sin x & (r=2m) \\ (-1)^m \cos x & (r=2m+1) \end{cases}$

(4)　$\left(\dfrac{d}{dx}\right)^r \cos x = \begin{cases} (-1)^m \cos x & (r=2m) \\ (-1)^{m+1} \sin x & (r=2m+1) \end{cases}$

(5)　$\left(\dfrac{d}{dx}\right)^r \log|x| = (-1)^{r-1}(r-1)!\dfrac{1}{x^r} \quad (x \neq 0)$　□

問 20　次の関数の n 階導関数を求めよ．

(1) $f(x) = \sqrt{x+1}$　　(2) $f(x) = \dfrac{1}{x(x-1)}$　　(3) $f(x) = \cosh x$

(b)　ライプニッツの公式

関数 $f(x), g(x)$ が微分可能のときには，ライプニッツの公式(命題 2.13 (iii))より

$$\frac{d}{dx}(f(x)g(x)) = f'(x)g(x) + f(x)g'(x)$$

であった．微分をさらに繰り返すと，

$$\left(\frac{d}{dx}\right)^2(f(x)g(x)) = f''(x)g(x)+2f'(x)g'(x)+f(x)g''(x)$$

$$\left(\frac{d}{dx}\right)^3(f(x)g(x)) = f'''(x)g(x)+3f''(x)g'(x)+3f'(x)g''(x)+f(x)g'''(x)$$

という公式が得られる．これから帰納的に推測できるように一般に次の公式が成り立つ．

命題 2.53　$f(x), g(x)$ が n 回微分可能ならば，

$$\left(\frac{d}{dx}\right)^n(f(x)g(x)) = \sum_{r=0}^{n}\binom{n}{r}f^{(n-r)}(x)g^{(r)}(x) \quad (n \geqq 0). \qquad (2.21)$$

［証明］　n についての帰納法で証明する．$n=0,1$ のときはすでに分かっている．k 階までは(2.21)が正しいものとして，$(k+1)$ 階のときに証明する．

$$\left(\frac{d}{dx}\right)^k(f(x)g(x)) = \sum_{r=0}^{k}\binom{k}{r}f^{(k-r)}(x)g^{(r)}(x)$$

だが，これを微分して，

$$\begin{aligned}
&\left(\frac{d}{dx}\right)^{k+1}(f(x)g(x))\\
&= \sum_{r=0}^{k}\binom{k}{r}\{f^{(k-r+1)}(x)g^{(r)}(x)+f^{(k-r)}(x)g^{(r+1)}(x)\}\\
&= \sum_{r=1}^{k}\left\{\binom{k}{r}+\binom{k}{r-1}\right\}f^{(k-r+1)}(x)g^{(r)}(x)+f^{(k+1)}(x)g(x)+f(x)g^{(k+1)}(x).
\end{aligned}$$

組合せの公式，$\binom{k}{r}+\binom{k}{r-1}=\binom{k+1}{r}$ に注意すれば，上記右辺は

$$\sum_{r=0}^{k+1}\binom{k+1}{r}f^{(k+1-r)}(x)g^{(r)}(x)$$

に等しい．これで $(k+1)$ 階の場合が示された．　▮

例 2.54

$$\left(\frac{d}{dx}\right)^n(xf(x)) = xf^{(n)}(x)+nf^{(n-1)}(x)$$

$$\left(\frac{d}{dx}\right)^n (x^2 f(x)) = x^2 f^{(n)}(x) + 2nx f^{(n-1)}(x) + n(n-1) f^{(n-2)}(x)$$

$$\left(\frac{d}{dx}\right)^n (e^x f(x)) = e^x \sum_{r=0}^{n} \binom{n}{r} f^{(r)}(x)$$

□

§2.4　2階導関数と関数のグラフの凹凸

関数のグラフの凹凸が関数の2階導関数の値の正負とどのように関係しているかを調べる．また，凸関数の基本的性質について学ぶ．

(a)　グラフの凹凸と変曲点

$[a,b]$ 上で2回微分可能な関数 $y=f(x)$ が点 c において $f''(c)>0$ とする．x が十分 c に近ければ

$$f'(x) < f'(c) \quad (x < c),$$
$$f'(c) < f'(x) \quad (x > c)$$

である．平均値の定理により，$h>0$ に対し

$$f(c+h) = f(c) + f'(c+\theta_1 h)h \quad (0 < \theta_1 < 1),$$
$$f(c-h) = f(c) - f'(c-\theta_2 h)h \quad (0 < \theta_2 < 1)$$

が成り立つ．ゆえに

$$f(c+h) > f(c) + f'(c)h, \quad f(c-h) > f(c) - f'(c)h$$

がみたされる．すなわち $f(x)$ のグラフは，$x=c$ における $f(x)$ のグラフの接線 L の上側にある．このとき $f(x)$ のグラフは $x=c$ において下に凸(上に凹)であると言う．反対に，$f''(c)<0$ とするならば，$f(x)$ のグラフは L の下側にある．このとき $f(x)$ のグラフは $x=c$ において上に凸(下に凹)であると言う．

また，$f(x)$ のグラフが $x=c$ を境目にしてその凹凸が変化するとき，点 $(c, f(c))$ を $f(x)$ のグラフの**変曲点**と言う．

例 2.55　$f(x)=x^3+1$ $(-\infty < x < \infty)$ において $f''(x)=6x$ であるから，

ヤコビ多項式とエルミート多項式

$\alpha, \beta \in \mathbb{R}$ として，2項関数の積 $(1-x)^{n+\alpha}(1+x)^{n+\beta}$ に公式(2.21)を適用してみよう．

$$\left(\frac{d}{dx}\right)^k (1-x)^{n+\alpha} = (n+\alpha)(n+\alpha-1)\cdots(n+\alpha-k+1)(-1)^k(1-x)^{n+\alpha-k},$$

$$\left(\frac{d}{dx}\right)^k (1+x)^{n+\beta} = (n+\beta)(n+\beta-1)\cdots(n+\beta-k+1)(1+x)^{n+\beta-k}$$

であるから，$\left(\frac{d}{dx}\right)^n \{(1-x)^{n+\alpha}(1+x)^{n+\beta}\}$ $(n=0,1,2,\cdots)$ はライプニッツの公式により

$$\sum_{r=0}^{n} \binom{n}{r} (n+\alpha)\cdots(r+\alpha+1)(-1)^{n-r}(n+\beta)\cdots(n-r+\beta+1)$$
$$\times (1-x)^{r+\alpha}(1+x)^{n-r+\beta}$$

に等しい．したがって，

$$(1-x)^{\alpha}(1+x)^{\beta} P_n^{(\alpha,\beta)}(x) = \frac{(-1)^n}{2^n n!}\left(\frac{d}{dx}\right)^n \{(1-x)^{n+\alpha}(1+x)^{n+\beta}\}$$

によって定義される関数 $P_n^{(\alpha,\beta)}(x)$ は，n 次多項式になる．これをヤコビ(Jacobi)多項式と言う．とくに，$\alpha=\beta=-1/2$ のときはチェビシェフ(Tchebychef)多項式，$\alpha=\beta=0$ のときはルジャンドル(Legendre)多項式と言う．チェビシェフ多項式については

$$P_n^{(-1/2,-1/2)}(x) = \frac{1\cdot 3\cdots(2n-1)}{2\cdot 4\cdots(2n)} T_n(x),$$

$$T_n(\cos\theta) = \cos n\theta$$

の関係がある．

同様に

$$H_n(x) = (-1)^n e^{x^2}\left(\frac{d}{dx}\right)^n e^{-x^2} \quad (n=0,1,2,\cdots)$$

は n 次多項式になる．これをエルミート(Hermite)多項式と言う．

これらは後に述べる直交関数系の例になっていて，応用上大切な関数である．

$x>0$ のとき $f''(x)>0$，$x<0$ のとき $f''(x)<0$，$x=0$ のとき $f''(x)=0$ となっている．このグラフは $x>0$ のとき下に凸，$x<0$ のとき上に凸，$x=0$ で変曲点になっている(図2.5).

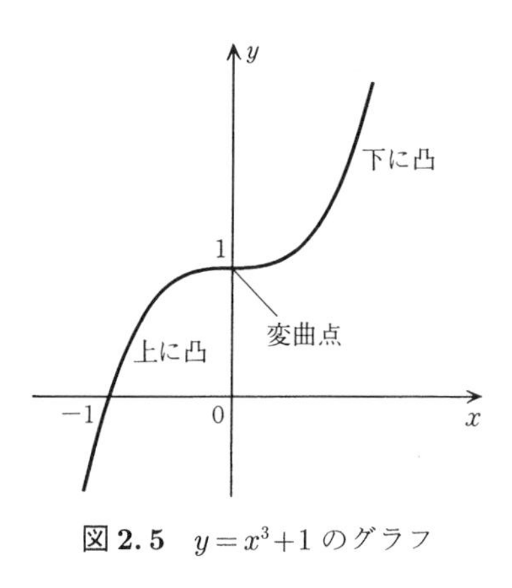

図 2.5　$y=x^3+1$ のグラフ

□

問 21　$y=e^{-x^2/2}$ $(-\infty<x<\infty)$ の最大値，変曲点を求めて，そのグラフの概形を描け.

例題 2.56　$y=x^3-3\lambda x^2+1$ (λ は正定数)の極大値，極小値，またはグラフの変曲点を求めよ．$\lambda\to 0$ のときグラフはどのように変化していくか？

［解］

$$\frac{dy}{dx}=3x^2-6\lambda x,\quad \frac{d^2y}{dx^2}=6x-6\lambda.$$

変曲点は $\dfrac{d^2y}{dx^2}=0$ となる点，すなわち $x=\lambda$, $y=-2\lambda^3+1$ である．また，$\dfrac{dy}{dx}=0$ となるのは，$x=0$, $y=1$ と $x=2\lambda$, $y=-4\lambda^3+1$ のときである(図2.6)．$\lambda\to 0$ のとき，極小値をとる点，変曲点はどちらも平面上の点 $(0,1)$ に近づき，図2.5のグラフに近づく．■

問 22　$y=(x^2-1)^2$ の極大点，極小点，変曲点を求めて，グラフの概形を描け.

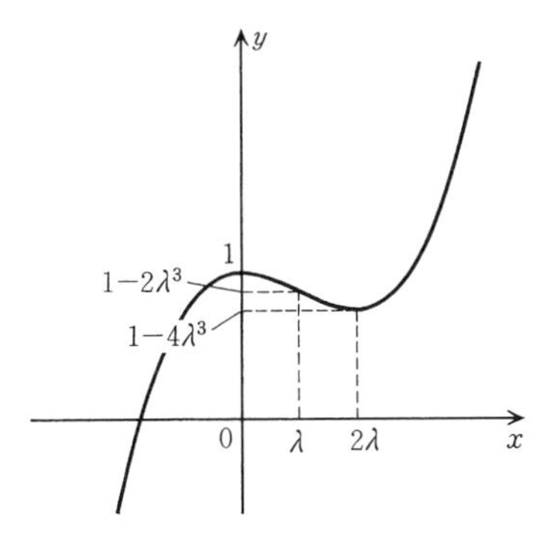

図 **2.6**　$y=x^3-3\lambda x^2+1$　$(\lambda>0)$ のグラフ

(b)　凸関数，凹関数

定義 2.57　$[a,b]$ の任意の 2 点 x_1, x_2 $(x_1<x_2)$ に対して，つねに

$$f((1-\lambda)x_1+\lambda x_2) \leqq (1-\lambda)f(x_1)+\lambda f(x_2) \quad (0 \leqq \lambda \leqq 1) \tag{2.22}$$

をみたすとき，$f(x)$ は $[a,b]$ で**凸**(convex)であると言う．また，つねに

$$f((1-\lambda)x_1+\lambda x_2) \geqq (1-\lambda)f(x_1)+\lambda f(x_2) \tag{2.23}$$

をみたすとき，$f(x)$ は $[a,b]$ で**凹**(concave)であると言う．$f(x)$ が凸関数ならば，$-f(x)$ は凹関数であり，逆も成り立つ．□

(2.22)において，特に $\lambda=1/2$ とおくと

$$f\left(\frac{x_1+x_2}{2}\right) \leqq \frac{1}{2}(f(x_1)+f(x_2)) \tag{2.24}$$

を得る．

注意 2.58　実は，$f(x)$ が連続のとき，(2.24)が成り立てば $f(x)$ が凸になることも知られている．

例 2.59　$f(x)=\alpha x^2$ $(\alpha>0)$ は $(-\infty,\infty)$ で凸関数である．実際，

$$\begin{aligned}&(1-\lambda)f(x_1)+\lambda f(x_2)-f((1-\lambda)x_1+\lambda x_2)\\&\quad=\alpha\{\lambda(1-\lambda)x_1^2+\lambda(1-\lambda)x_2^2-2\lambda(1-\lambda)x_1x_2\}\end{aligned}$$

$$= \alpha\lambda(1-\lambda)(x_1-x_2)^2 \geqq 0.$$ □

例 2.60　$f(x)=\sqrt{x}$ $(x \geqq 0)$ は凹関数である．実際，$0 \leqq x_1 \leqq x_2$, $0 \leqq \lambda \leqq 1$ のとき，

$$\left\{\sqrt{(1-\lambda)x_1+\lambda x_2}\right\}^2 - \{(1-\lambda)\sqrt{x_1}+\lambda\sqrt{x_2}\}^2$$
$$= \lambda(1-\lambda)(\sqrt{x_1}-\sqrt{x_2})^2 \geqq 0.$$

ゆえに，

$$\sqrt{(1-\lambda)x_1+\lambda x_2} \geqq (1-\lambda)\sqrt{x_1}+\lambda\sqrt{x_2}.$$ □

問 23　次の中で凸関数はどれか？

(1) $|x|$　(2) $1/x$　$(x>0)$　(3) $\dfrac{1-x^2}{1+x^2}$　(4) $\sqrt{1-x^2}$　$(-1 \leqq x \leqq 1)$

命題 2.61　$f(x)$ が $[a,b]$ で凸のとき，任意の 2 点 x_1, x_2 $(x_1<x_2)$ に対して差分商

$$F(x_1,x_2) = \frac{f(x_2)-f(x_1)}{x_2-x_1} \tag{2.25}$$

は x_1 を固定するとき，x_2 の単調増加関数，また，x_2 を固定するとき，x_1 の単調増加関数である．

［証明］　いま，$x_1<x_2<x_3$ とすれば，

$$x_2 = \frac{x_3-x_2}{x_3-x_1}x_1 + \frac{x_2-x_1}{x_3-x_1}x_3 \quad \left(0<\frac{x_3-x_2}{x_3-x_1}<1,\ 0<\frac{x_2-x_1}{x_3-x_1}<1\right)$$

であるから，凸関数の定義より

$$f(x_2) \leqq \frac{x_3-x_2}{x_3-x_1}f(x_1) + \frac{x_2-x_1}{x_3-x_1}f(x_3). \tag{2.26}$$

これより，

$$F(x_2,x_1) \leqq F(x_3,x_1)$$

を得る．同様にして

$$F(x_3,x_1) \leqq F(x_3,x_2)$$

が導かれる． ∎

(2.26)の分母を払って，次式が得られる．

$$(x_3-x_2)f(x_1)+(x_1-x_3)f(x_2)+(x_2-x_1)f(x_3) \geqq 0 \quad (x_1 < x_2 < x_3) \tag{2.27}$$

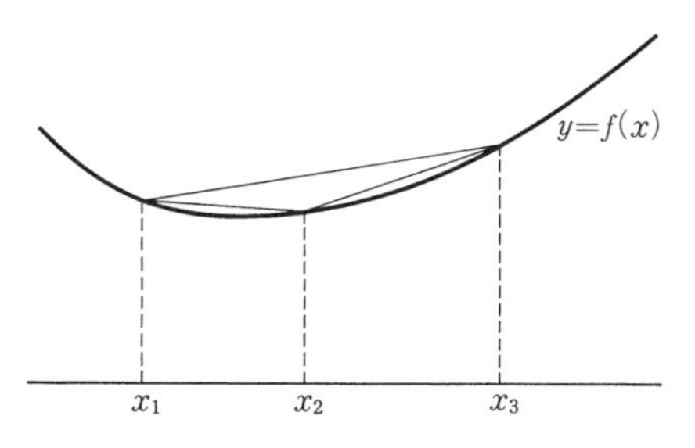

図 2.7　凸関数のグラフ

いま，$c \in (a,b)$ を任意にとるとき，命題 2.61 より，正数 h_1, h_2 に対して，

$$\frac{f(c+h_1)-f(c)}{h_1} \geqq \frac{f(c)-f(c-h_2)}{h_2} \tag{2.28}$$

である．左辺は h_1 について単調増加関数であるので，

$$D_+f(c) = \lim_{h_1 \downarrow 0} \frac{f(c+h_1)-f(c)}{h_1}$$

は収束する．同様にして

$$D_-f(c) = \lim_{h_2 \downarrow 0} \frac{f(c-h_2)-f(c)}{-h_2}$$

も収束する．(2.28)より

$$D_+f(c) \geqq D_-f(c). \tag{2.29}$$

こうして次の事実が言えた．

命題 2.62　$f(x)$ が $[a,b]$ で凸のとき $[a,b]$ の任意の内点 c において，右微分係数 $D_+f(c)$，左微分係数 $D_-f(c)$ が存在し，(2.29)が成り立つ．　□

さらに，$x > c$ ならば

$$\frac{f(x)-f(c)}{x-c} \geqq D_+f(c). \tag{2.30}$$

$x < c$ ならば

$$\frac{f(x)-f(c)}{x-c} \leqq D_-f(c). \tag{2.31}$$

系 2.63　$[a,b]$ で凸(あるいは凹)な関数は $[a,b]$ の内点でつねに連続である．　□

例 2.64　$f(x)=|x|$ は凸であって，$x \neq 0$ のとき微分可能，$x=0$ のときには $D_+F(0)=1$, $D_-F(0)=-1$.　□

系 2.65　$c<c'$ ならば，$D_+f(c) \leqq D_-f(c')$.　□

実際，

$$D_+f(c) \leqq \frac{f(c')-f(c)}{c'-c} \leqq D_-f(c')$$

が成り立っている．特に，$f(x)$ が (a,b) で微分可能ならば，$f'(x)$ は (a,b) で単調増加である．

注意 2.66　c が定義域の端点のときには，$f(x)$ が凸(または凹)であっても，$D_+f(c)$, $D_-f(c)$ が存在しないこともある．例えば，$f(x)=\sqrt{x}$ $(x \geqq 0)$ においては $D_+f(0)=\infty$ である．また，

$$f(x)=\begin{cases} 0 & (0 \leqq x < 1) \\ 1 & (x=1) \end{cases}$$

は凸関数であるが，$x=1$ では連続ではない．

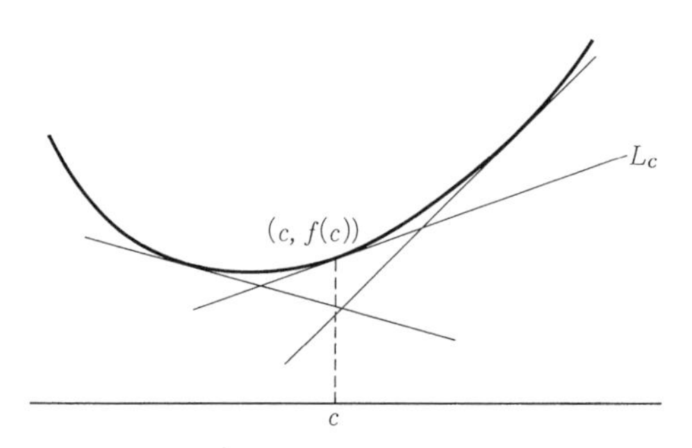

図 2.8　凸関数のグラフの接線の位置

凸関数 $f(x)$ が $[a,b]$ で微分可能とする．すなわち，任意の点 c で $f'(c)=D_+f(c)=D_-f(c)$ となっているものとする．(2.30), (2.31)からわかるように $y=f(x)$ のグラフはつねに $x=c$ における接線 L_c より上側であって，平面の点 $(c,f(c))$ で L_c と接している．

命題 2.67　$f(x)$ が $[a,b]$ で微分可能とする．$f'(x)$ が単調増加ならば $f(x)$ は凸である．

［証明］　$x_1<x_2<x_3$ に対して平均値の定理(定理 2.41)より

$$\frac{f(x_2)-f(x_1)}{x_2-x_1} \leqq \frac{f(x_3)-f(x_2)}{x_3-x_2}.$$

すなわち，(2.26)が成り立つ．　∎

系 2.68　$[a,b]$ でいたるところ $f''(x)\geqq 0$ ならば $f(x)$ は凸関数である．逆に，$f(x)$ が凸で2回微分可能ならば，いたるところ $f''(x)\geqq 0$．　□

例 2.69　以下の関数はすべて凸関数である．

(1) e^x　(2) $\sqrt{x^2+a^2}$　(3) $-\cos x$　$(-\pi/2\leqq x\leqq \pi/2)$

(4) x^λ　$(x\geqq 0,\ \lambda\geqq 1)$　(5) $-\log x$　$(x>0)$　□

問 24　上の例で $f''(x)\geqq 0$ となることを確かめよ．

例題 2.70　$0<x<\pi/2$ のとき，次の式を示せ．

$$\frac{2}{\pi}x<\sin x.$$

［解］　いま，$f(x)=\sin x-\dfrac{2}{\pi}x$ とおくと，$0<x<\pi/2$ のとき $f''(x)=-\sin x<0$．ゆえに $f(x)$ は凹関数．$f(0)=f(\pi/2)=0$ だから，$0<x<\pi/2$ のとき $f(x)>0$．　∎

例題 2.71　$f(x), g(x)$ が共に凸関数，さらに $g(x)$ が単調増加ならば，合成関数 $g\circ f(x)$ もまた，凸関数であることを示せ．

［解］

$$
\begin{aligned}
&g \circ f((1-\lambda)x_1+\lambda x_2) \\
&\quad \leqq g((1-\lambda)f(x_1)+\lambda f(x_2)) \quad (f\text{の凸性と}g\text{の単調性より}) \\
&\quad \leqq (1-\lambda)g\circ f(x_1)+\lambda g\circ f(x_2) \quad (g\text{の凸性}).
\end{aligned}
$$
▮

例 2.72

(1) $f(x)$ が凸のとき $e^{f(x)}$ は凸である.

(2) $f(x)$ は正で凸，かつ $\lambda \geqq 1$ ならば $f(x)^\lambda$ は凸である. □

例題 2.73 $f(x)$ が凸関数ならば，任意の x_1, x_2, x_3 に対して

$$
f\left(\frac{x_1+x_2+x_3}{3}\right) \leqq \frac{1}{3}(f(x_1)+f(x_2)+f(x_3)) \tag{2.32}
$$

であることを示せ.

[解]

$$
f\left(\frac{\alpha+\beta}{2}\right) \leqq \frac{1}{2}(f(\alpha)+f(\beta)), \quad f\left(\frac{\gamma+\delta}{2}\right) \leqq \frac{1}{2}(f(\gamma)+f(\delta))
$$

より

$$
f\left(\frac{\alpha+\beta+\gamma+\delta}{4}\right) \leqq \frac{1}{4}(f(\alpha)+f(\beta)+f(\gamma)+f(\delta)).
$$

ここで $\alpha=(x_1+x_2+x_3)/3$，$\beta=x_1$，$\gamma=x_2$，$\delta=x_3$ とおくと $(\alpha+\beta+\gamma+\delta)/4 =(x_1+x_2+x_3)/3$ であって

$$
f\left(\frac{x_1+x_2+x_3}{3}\right) \leqq \frac{1}{4}\left\{f\left(\frac{x_1+x_2+x_3}{3}\right)+f(x_1)+f(x_2)+f(x_3)\right\}
$$

となって，(2.32)を得る. ▮

例 2.74

$$
\sqrt[3]{x_1x_2x_3} \leqq \frac{x_1+x_2+x_3}{3} \quad (x_1, x_2, x_3 > 0). \tag{2.33}
$$

実際，$f(x)=-\log x$ は凸関数だから

$$
\log\frac{x_1+x_2+x_3}{3} \geqq \frac{1}{3}(\log x_1+\log x_2+\log x_3).
$$

よって，(2.33)が成り立つ. □

§2.5　2変数関数の微分

2変数関数の微分である偏微分の定義と，簡単な場合にその計算法を学ぶ.

(a)　連続関数

xy 平面上の点列 $\{(x_n, y_n)\}_{n=1}^{\infty}$ が

$$\lim_{n\to\infty} x_n = \alpha, \quad \lim_{n\to\infty} y_n = \beta$$

をみたすときに，この点列は点 (α, β) に近づくと言う．このことはまた，$\lim_{n\to\infty}(|x_n-\alpha|+|y_n-\beta|)=0$ とも表せる．あるいは2点間の距離

$$d_n = \sqrt{|x_n-\alpha|^2+|y_n-\beta|^2}$$

が $\lim_{n\to\infty} d_n=0$ をみたすこととも同値である．2変数 x, y によって定まる関数 $f(x,y)$ が長方形 D: $a\leqq x\leqq b$, $c\leqq y\leqq d$ 上で定義されているとき，点列 (x_n, y_n) が点 (α,β) に近づくときの極限値

$$\lim_{(x_n,y_n)\to(\alpha,\beta)} f(x_n, y_n) = A$$

が考えられる．例えば，

$$f(x,y) = \frac{x-y-1}{x+y+1} \quad のとき \quad \lim_{(x_n,y_n)\to(0,0)} f(x_n, y_n) = -1.$$

この極限値 A が $f(\alpha,\beta)$ に等しいならば，

$$\lim_{(x,y)\to(\alpha,\beta)} f(x,y) = f(\alpha,\beta) \tag{2.34}$$

と書き，$f(x,y)$ は点 (α,β) で連続であると言う．D のすべての点 (α,β) で $f(x,y)$ が連続ならば $f(x,y)$ は D で連続であると言う．

例 2.75　$f(x,y)=x^2+y^2+xy$ $(-1\leqq x\leqq 1,\ -1\leqq y\leqq 1)$ は D で連続である．実際，

$$f(\alpha+h, \beta+k)-f(\alpha,\beta) = 2\alpha h+2\beta k+\alpha k+\beta h+h^2+k^2+hk$$

であるが，$|h|, |k|\to 0$ のとき右辺の各項がすべて0に近づくので，右辺は0

に近づく．すなわち，

$$\lim_{|h|,|k|\to 0} f(\alpha+h,\beta+k) = f(\alpha,\beta).$$

□

例 2.76　$0\leqq x\leqq 1,\ 0\leqq y\leqq 1$ で定義された関数

$$f(x,y)=\begin{cases} 0 & (0\leqq y\leqq x\leqq 1) \\ 1 & (1\geqq y>x>0) \end{cases}$$

は $(1/2,1/2)$ において

$$\lim_{\substack{(x,y)\to(1/2,1/2)\\ x\geqq y}} f(x,y)=0, \qquad \lim_{\substack{(x,y)\to(1/2,1/2)\\ x<y}} f(x,y)=1$$

で極限値は定まらない．よって $f(x,y)$ は $(1/2,1/2)$ で連続にはならない．□

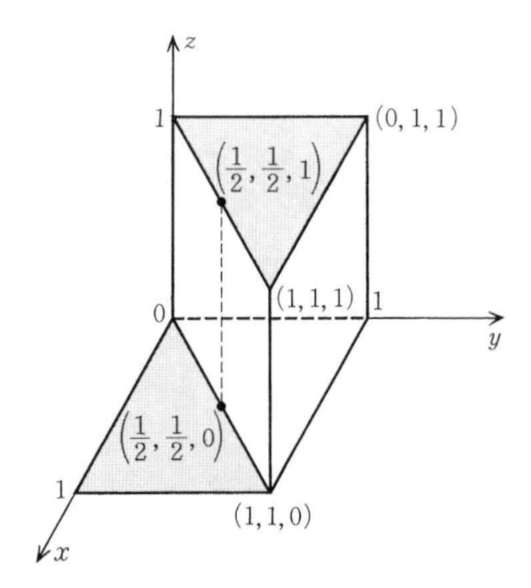

図 2.9　$z=f(x,y)$ のグラフ(例 2.76)

(b)　偏微分の定義

2 個の変数に依存する関数 $f(x,y)$ は y の値を固定すると x のみの関数になるから，x について微分を考えることができる．これを $f(x,y)$ の x についての**偏微分**(partial derivative)と言い，$\dfrac{\partial f(x,y)}{\partial x}$, $f_x(x,y)$ などで表す．例えば，$f(x,y)=x^2+y^2+xy\ (-\infty<x,y<\infty)$ の場合，

$$\frac{\partial f(x,y)}{\partial x} = f_x(x,y) = 2x+y$$

と定義される．同様にして，x を固定して $f(x,y)$ を y のみの関数と考えて，y について偏微分したものを $\dfrac{\partial f(x,y)}{\partial y}$, $f_y(x,y)$ などと記す．上の $f(x,y)$ の場合，

$$\frac{\partial f(x,y)}{\partial y} = f_y(x,y) = x+2y$$

である．もっと一般的な定義は次のようになる．

定義 2.77　長方形 D: $a_1 \leqq x \leqq a_2$, $b_1 \leqq y \leqq b_2$ で定義された関数 $f(x,y)$ の D のある点 (α,β) での差分商の極限値

$$\lim_{h\to 0}\frac{f(\alpha+h,\beta)-f(\alpha,\beta)}{h}, \quad \lim_{h\to 0}\frac{f(\alpha,\beta+h)-f(\alpha,\beta)}{h} \tag{2.35}$$

が存在するならば，これらをそれぞれ $f(x,y)$ の (α,β) における x についての偏微分，y についての偏微分と言い，それぞれ，$\dfrac{\partial f(\alpha,\beta)}{\partial x}$, $f_x(\alpha,\beta)$ あるいは $\dfrac{\partial f(\alpha,\beta)}{\partial y}$, $f_y(\alpha,\beta)$ などと記す．(α,β) を変数と考えれば，これを (x,y) におきかえて $\dfrac{\partial f(x,y)}{\partial x}$, $f_x(x,y)$ あるいは $\dfrac{\partial f(x,y)}{\partial y}$, $f_y(x,y)$ などと記し，$f(x,y)$ の x, y による**偏導関数**と言う．$\dfrac{\partial f(x,y)}{\partial x}$ を $\dfrac{\partial}{\partial x}f(x,y)$, $\partial f(x,y)/\partial x$，また，$\dfrac{\partial f(x,y)}{\partial y}$ を $\dfrac{\partial}{\partial y}f(x,y)$, $\partial f(x,y)/\partial y$ とも記す．　□

例 2.78　$f(x,y) = Ax^2+2Bxy+Cy^2+2Dx+2Ey+F$（$A, B, C, D, E, F$ は定数）．これをそれぞれ x のみの関数，y のみの関数と考えて微分すれば

$$\frac{\partial f(x,y)}{\partial x} = 2Ax+2By+2D, \quad \frac{\partial f(x,y)}{\partial y} = 2Bx+2Cy+2E.$$

□

問 25　次の場合に $\dfrac{\partial f(x,y)}{\partial x}$, $\dfrac{\partial f(x,y)}{\partial y}$ を求めよ．

(1) $(x+y+1)^2$　　(2) $\dfrac{x^2-y^2}{x^2+y^2}$　$((x,y)\neq(0,0))$　　(3) $e^{2x+y}+e^{x+2y}$

例 2.79　$f(x,y)$ が x のみに依存するならば，$\dfrac{\partial f(x,y)}{\partial y}=0$ となる．　□

$g(x)$ が 1 変数関数で，その定義域が 2 変数関数 $f(x,y)$ の値域を含むならば，合成関数

$$F(x,y) = g(f(x,y))$$

は，$a \leqq x \leqq b$, $c \leqq y \leqq d$ で定義される．$F(x,y)$ の x, y による偏微分は(2.9)より

$$\frac{\partial F(x,y)}{\partial x} = g'(f(x,y))\frac{\partial f(x,y)}{\partial x},$$

$$\frac{\partial F(x,y)}{\partial y} = g'(f(x,y))\frac{\partial f(x,y)}{\partial y}$$

で与えられる．

例題 2.80　$f(x,y)=(x^2+2y^2+1)^\lambda$ の偏導関数を求めよ．

［解］　$2y^2+1$ を定数と考えて x について微分すると

$$\frac{\partial f(x,y)}{\partial x} = \lambda(x^2+2y^2+1)^{\lambda-1}\cdot 2x = 2\lambda x(x^2+2y^2+1)^{\lambda-1}.$$

x^2+1 を定数と考えて y について微分すると

$$\frac{\partial f(x,y)}{\partial y} = \lambda(x^2+2y^2+1)^{\lambda-1}\cdot 4y = 4\lambda y(x^2+2y^2+1)^{\lambda-1}.$$

∎

$\dfrac{\partial f(x,y)}{\partial x}$ が x について，または y についてさらに偏微分可能なときはその偏導関数

$$\frac{\partial}{\partial x}\left(\frac{\partial f(x,y)}{\partial x}\right) = \frac{\partial^2 f(x,y)}{\partial x^2} \quad \left(\frac{\partial^2}{\partial x^2}f(x,y),\ f_{xx}(x,y) \text{ などとも記す}\right)$$

$$\frac{\partial}{\partial y}\left(\frac{\partial f(x,y)}{\partial x}\right) = \frac{\partial^2 f(x,y)}{\partial y\partial x} \quad \left(\frac{\partial^2}{\partial y\partial x}f(x,y),\ f_{xy}(x,y) \text{ などとも記す}\right)$$

が考えられる．同様に，$\dfrac{\partial f(x,y)}{\partial y}$ についても

$$\frac{\partial}{\partial x}\left(\frac{\partial f(x,y)}{\partial y}\right)=\frac{\partial^2 f(x,y)}{\partial x\partial y}\quad (f_{yx}(x,y)\text{ とも記す})$$

$$\frac{\partial}{\partial y}\left(\frac{\partial f(x,y)}{\partial y}\right)=\frac{\partial^2 f(x,y)}{\partial y^2}\quad (f_{yy}(x,y)\text{ とも記す})$$

を考え，さらにこれを続行して 3 階の導関数

$$\frac{\partial^3 f(x,y)}{\partial x^3}=\frac{\partial}{\partial x}\frac{\partial}{\partial x}\frac{\partial}{\partial x}f(x,y)=f_{xxx}(x,y),$$

$$\frac{\partial^3 f(x,y)}{\partial y\partial x^2}=\frac{\partial}{\partial y}\frac{\partial}{\partial x}\frac{\partial}{\partial x}f(x,y)=f_{xxy}(x,y)$$

や 4 階以上の導関数が得られる．

問 26　$f(x,y)=\log(x^2+y^2)$ のとき $\dfrac{\partial^2 f(x,y)}{\partial x^2}+\dfrac{\partial^2 f(x,y)}{\partial y^2}$ を求めよ．

例題 2.81　$f(x,y)$ が 2 回微分可能な 1 変数関数 f_1, f_2 を用いて，$f(x,y)=f_1(x+y)+f_2(x-y)$ と表されているとき，次の等式を示せ．

$$\frac{\partial^2 f(x,y)}{\partial x^2}-\frac{\partial^2 f(x,y)}{\partial y^2}=0.$$

[解]　$\dfrac{\partial f}{\partial x}=f_1'(x+y)+f_2'(x-y)$，$\dfrac{\partial f}{\partial y}=f_1'(x+y)-f_2'(x-y)$ より，

$$\frac{\partial^2 f}{\partial x^2}=f_1''(x+y)+f_2''(x-y)=\frac{\partial^2 f}{\partial y^2}$$

であるので例題の等式が成り立つ．　■

上記例題 2.80, 2.81 においては $f(x,y)$ は等式

$$\frac{\partial^2 f(x,y)}{\partial x\partial y}=\frac{\partial^2 f(x,y)}{\partial y\partial x}\tag{2.36}$$

をみたす．

一般にこの等式は 2 変数関数 $f(x,y)$ に対して広く成り立つ重要な等式で，フロベニウス(Frobenius)の定理として知られている．『微分と積分 2』で詳しく論じられている．

問 27　(1) $f(x,y)=(2x+3y+1)/(x+y)$　(2) $f(x,y)=(ax^2+bxy+cy^2)^\lambda$ のとき(2.36)を確かめよ．

§2.6　テイラーの公式

テイラー(Taylor)の公式は，微分可能な任意関数を1点の近くで多項式を用いて近似的に表示するというものである．誤差項は高階導関数を用いて評価される．初等関数の場合に具体的な実例を与える．

平均値の定理(定理2.41)は高階に拡張される．これについて以下説明しよう．

n 次多項式 $f(x)$ は $x-\alpha$ についての多項式として

$$f(x) = \sum_{k=0}^{n} c_k(x-\alpha)^k \quad (c_k \text{ は定数})$$

の形に表される．このとき $f(\alpha)=c_0$．また両辺を微分して $x=\alpha$ とおくと，$f'(\alpha)=c_1$．一般に両辺を k 回微分して $x=\alpha$ とおくと $f^{(k)}(\alpha)=k!c_k$．したがって

$$f(x) = f(\alpha)+f'(\alpha)(x-\alpha)+\frac{1}{2!}f''(\alpha)(x-\alpha)^2+\cdots+\frac{1}{n!}f^{(n)}(\alpha)(x-\alpha)^n \tag{2.37}$$

となる．これからよく知られた多項式の根の重根の判定条件が得られる．すなわち，$x=\alpha$ が $f(x)=0$ のちょうど k 重根であるための必要十分条件は

$$f(\alpha) = f'(\alpha) = \cdots = f^{(k-1)}(\alpha) = 0, \quad f^{(k)}(\alpha) \neq 0.$$

この事実をもっと一般の関数にも拡張することができる．

$f(x)$ は $[a,b]$ 上 n 回微分可能とする．α, β を任意に固定する．$f(\beta)$ を $f(\alpha)$, $f'(\alpha), f''(\alpha), \cdots$ を用いて表すことを考える．議論を簡単にするために $\alpha<\beta$ を仮定する．いま，

$$f(\beta)-f(\alpha)-\sum_{r=1}^{n-1}\frac{f^{(r)}(\alpha)}{r!}(\beta-\alpha)^r = \lambda\frac{(\beta-\alpha)^n}{n!} \tag{2.38}$$

となるように定数 λ を定める．関数 $g(x)$ を

$$g(x)=f(\beta)-f(x)-\sum_{r=1}^{n-1}\frac{f^{(r)}(x)}{r!}(\beta-x)^r-\lambda\frac{(\beta-x)^n}{n!}$$

と定めておくと，$g(\beta)=g(\alpha)=0$ である．$g(x)$ は区間 $[\alpha,\beta]$ で1回微分可能であるから，ロルの定理により，ある c $(\alpha<c<\beta)$ があって $g'(c)=0$．一方，ライプニッツの公式より

$$\begin{aligned}g'(x)&=-f'(x)-\sum_{r=1}^{n-1}\frac{f^{(r+1)}(x)}{r!}(\beta-x)^r\\&\quad+\sum_{r=1}^{n-1}\frac{f^{(r)}(x)}{(r-1)!}(\beta-x)^{r-1}+\lambda\frac{(\beta-x)^{n-1}}{(n-1)!}\\&=\frac{(\beta-x)^{n-1}}{(n-1)!}(-f^{(n)}(x)+\lambda).\end{aligned}$$

$g'(c)=0$ であるから，$\lambda=f^{(n)}(c)$．したがって，(2.38)は

$$f(\beta)-f(\alpha)-\sum_{r=1}^{n-1}\frac{f^{(r)}(\alpha)}{r!}(\beta-\alpha)^r=f^{(n)}(c)\frac{(\beta-\alpha)^n}{n!}$$

と書き換えられる．これが次のテイラーの公式である．$\beta<\alpha$ の場合も同様である．

定理 2.82（テイラーの公式）　$f(x)$ が $[a,b]$ で n 回微分可能ならば，

$$f(\beta)=\sum_{r=0}^{n-1}\frac{f^{(r)}(\alpha)}{r!}(\beta-\alpha)^r+f^{(n)}(c)\frac{(\beta-\alpha)^n}{n!}\qquad(2.39)$$

をみたす c $(\alpha<c<\beta$ または $\beta<c<\alpha)$ が存在する．　□

平均値の定理は $n=1$ の場合のテイラーの公式にほかならない．

$\beta=\alpha+h$ とおけば適当な θ $(0<\theta<1)$ を用いて $c=\alpha+\theta h$ と書けるので，(2.39)は

$$f(\alpha+h)=\sum_{r=0}^{n-1}\frac{f^{(r)}(\alpha)}{r!}h^r+f^{(n)}(\alpha+\theta h)\frac{h^n}{n!}\quad(0<\theta<1)\qquad(2.40)$$

とも書き表される．最後の項

$$R_n=f^{(n)}(\alpha+\theta h)\frac{h^n}{n!}$$

はラグランジュ(Lagrange)の剰余項(remainder term)と言う．ここで，一般

に $c=\alpha+\theta h$ をあからさまに決めることはできない．また一意的に決まるとも限らない．

$\alpha=0$ のときに(2.40)はマクローリン(Maclaurin)の公式とも言う．さらに，(2.40)において，$f^{(n)}(x)$ が α において連続ならば

$$\lim_{h\to 0} f^{(n)}(\alpha+\theta h)=f^{(n)}(\alpha)$$

であるから $(f^{(n)}(\alpha+\theta h)-f^{(n)}(\alpha))h^n/n!$ は $h\to 0$ のとき h^n よりも高位の無限小になっている．つまり，

$$f(\alpha+h)=\sum_{r=0}^{n}\frac{f^{(r)}(\alpha)}{r!}h^r+o(h^n). \tag{2.41}$$

例 2.83 (2項定理)

$$(1+h)^n=\sum_{r=0}^{n}\binom{n}{r}h^r.$$

実際，(2.40)において $f(x)=x^n$, $\alpha=1$ とおいて，$f^{(n+1)}(x)=0$ に注意すればこの等式が得られる．　□

例 2.84　初等関数の場合の(2.40)の例をあげる．

(1)　$$(1+x)^\lambda=\sum_{r=0}^{n}\frac{\lambda(\lambda-1)\cdots(\lambda-r+1)}{r!}x^r+\frac{\lambda(\lambda-1)\cdots(\lambda-n)}{(n+1)!}x^{n+1}(1+\theta x)^{\lambda-n-1}$$

(2)　$$e^x=\sum_{r=0}^{n}\frac{x^r}{r!}+\frac{x^{n+1}}{(n+1)!}e^{\theta x}$$

(3)　$$\sin x=x-\frac{x^3}{3!}+\cdots+(-1)^{m-1}\frac{x^{2m-1}}{(2m-1)!}+(-1)^m\frac{x^{2m+1}}{(2m+1)!}\cos(\theta x)$$

(4)　$$\cos x=1-\frac{x^2}{2!}+\cdots+(-1)^m\frac{x^{2m}}{(2m)!}+(-1)^{m+1}\frac{x^{2m+2}}{(2m+2)!}\cos(\theta x)$$

(5)　$$\log(1+x)=x-\frac{x^2}{2}+\cdots+(-1)^n\frac{x^{n+1}}{n+1}\frac{1}{(1+\theta x)^{n+1}}$$

実際，それぞれ $f(x)=(1+x)^\lambda$, e^x, $\sin x$, $\cos x$, $\log(1+x)$ とおくとき，テイラーの公式を適用すれば(1)–(5)が得られる．　□

問 28　例 2.84 の公式を使って，以下の不等式を示せ．

(1) $\left| e - \sum_{r=0}^{n} \frac{1}{r!} \right| < \frac{3}{(n+1)!}$　　(2) $\left| \log 2 - \sum_{k=1}^{n} (-1)^{k-1} \frac{1}{k} \right| < \frac{1}{n+1}$

差分におけるテイラーの公式

平均値の定理(定理 2.41)は次のようにも拡張される.

$f(x)$ が $n+1$ 回微分可能とする. 絶対値が十分小さい h に対して, x における h に対応する増分を

$$\Delta f(x) = f(x+h) - f(x),$$
$$\Delta^2 f(x) = \Delta f(x+h) - \Delta f(x) = f(x+2h) - 2f(x+h) + f(x),$$
$$\Delta^r f(x) = \sum_{k=0}^{r} (-1)^{r-k} \binom{r}{k} f(x+kh)$$

と定義する. このとき $x_0, x_0+h, \cdots, x_0+nh$ がすべて $[a, b]$ にあれば,

$$f(x) = \sum_{k=0}^{n} \frac{\Delta^k f(x_0)}{h^k k!} \prod_{l=0}^{k-1} (x - x_0 - lh) + \frac{f^{(n+1)}(\xi)}{(n+1)!} \prod_{l=0}^{n} (x - x_0 - lh)$$

をみたす ξ が $\min(x_0, x) < \xi < \max(x_0+nh, x)$ または $\min(x_0+nh, x) < \xi < \max(x_0, x)$ の範囲で存在する. $n=0$ のときが平均値の定理に当たる. この公式はグレゴリ-ニュートン(Gregory-Newton)の公式と呼ばれていて, 差分法における基本公式である.

$$h \to 0 \quad \text{のとき} \quad \frac{\Delta^k f(x_0)}{h^k} \to f^{(k)}(x_0)$$

となるので, 上記公式は, $h \to 0$ のときは, テイラーの公式に帰着する. 差分法は, 微分法にならって議論することができるが数値解析や離散数学において有用である.

《まとめ》

2.1 関数の微分は, 運動する物体の速度を抽象化したものであり, 差分商の極限で定義される.

2.2　関数の増減，極大極小は，関数の1階微分を求めることによって知ることができる．

2.3　関数のグラフの凹凸は，関数の2階微分を求めることによって知ることができる．

2.4　2変数関数の各変数についての微分は，偏微分と言われる．偏微分を使った合成関数の公式が得られる．

2.5　テイラーの公式は，関数を1点の近くでその点での高階微係数を用いた多項式によって近似的に表す公式である．

演習問題

2.1　$f(x)$ が $[0,\infty)$ で定義された微分可能な関数のときに，$f'(x) \leqq \lambda f(x)$ ならば，

$$f(x) \leqq f(0)e^{\lambda x} \quad (x \geqq 0), \quad f(x) \geqq f(0)e^{\lambda x} \quad (x \leqq 0)$$

が成り立つことを示せ．

2.2　$f(x) = \log(ae^{\alpha x} + be^{\beta x})$ $(a, b > 0)$ は $(-\infty, \infty)$ で凸関数であることを示せ．さらに，$\log\left(\sum_{j=1}^{n} a_j e^{\alpha_j x}\right)$ $(a_j > 0)$ も凸関数であることを示せ．

2.3　$f(x,t) = \dfrac{1}{\sqrt{2\pi t}} e^{-\frac{x^2}{2t}}$ $(t > 0)$ は偏微分方程式 $\dfrac{\partial f(x,t)}{\partial t} = \dfrac{1}{2}\dfrac{\partial^2 f(x,t)}{\partial x^2}$ をみたすことを示せ．$t \downarrow 0$ のとき $y = f(x,t)$ のグラフがどのように変化していくかを調べよ．

2.4　$f(x)$, $g(x)$ が $[a,b]$ において微分可能で，$g(a) \neq g(b)$ かつ $g'(x) \neq 0$ とする．このとき

$$\frac{f(b)-f(a)}{g(b)-g(a)} = \frac{f'(\xi)}{g'(\xi)}$$

をみたす ξ $(a < \xi < b)$ があることを示せ．（これをコーシーの平均値の定理と言う．）

2.5　前問の条件のもとで，さらに $f'(x)$, $g'(x)$ は連続であるとする．$g(x) \neq g(c)$ $(x \neq c)$ ならば，

$$\lim_{h \to 0} \frac{f(c+h)-f(c)}{g(c+h)-g(c)} = \frac{f'(c)}{g'(c)}$$

が成り立つ．これを示せ．ただし $a<c<b$ とする．(これをロピタル(l'Hôpital)の定理と言う．)

2.6 次の極限値を求めよ．

(1) $\displaystyle\lim_{x\to 0}\frac{x\cos x-\sin x}{x^3}$

(2) $\displaystyle\lim_{x\to 0}\left(\frac{1}{1-e^x}+\frac{1}{x}\right)$

(3) $\displaystyle\lim_{h\to 0}\frac{\sin x-2\sin(x+h)+\sin(x+2h)}{h^2}$

2.7 $f(x)=\dfrac{\alpha x+\beta}{\gamma x+\delta}$ のとき

$$\frac{f'''(x)}{f'(x)}-\frac{3}{2}\left\{\frac{f''(x)}{f'(x)}\right\}^2=0$$

を示せ．(この左辺を $f(x)$ のシュワルツ(Schwarz)微分と言う．)

2.8

(1) スプライン関数(定義2.51)

$$f(x)=(x+2)_+^2-2(x+1)_+^2+2(x-1)_+^2-(x-2)_+^2 \quad (-\infty<x<\infty)$$

のグラフの概形を描け．変曲点はどこか．

(2) $-2\leqq x\leqq 2$ のとき，4次式 $g(x)=\dfrac{1}{8}(x^2-4)^2$ のグラフと比較せよ．

(3) $\displaystyle\max_{-2\leqq x\leqq 2}|g(x)-f(x)|$ を求めよ．

3 積　分

不定積分は微分の逆演算である．まず，不定積分の基本的な性質を明らかにする．不定積分が具体的に求められる場合にその方法を示す．不定積分を用いて簡単な微分方程式の解を求める．次に，図形の面積を求める基礎となる関数の定積分を解説し，これが不定積分とどのようにかかわっているかをみる．定積分が実際に求められる例をいくつか与える．また，広義積分を使ってガンマ関数，ベータ関数の定義を述べる．

§3.1　不定積分

与えられた関数を導関数として持つ未知関数を求めることを不定積分を求めると言う．すなわち，不定積分とは微分の逆演算である．この節では簡単な関数の不定積分を求める．さらに，それを利用して，簡単な微分方程式の解法も与える．

(a)　原始関数

与えられた関数 $f(x)$ に対して

$$g'(x) = f(x) \tag{3.1}$$

をみたす $g(x)$ を $f(x)$ の**原始関数**(primitive function)と言う．

例えば，

$$
\begin{aligned}
&f(x) = 1 \quad \text{に対して} \quad g(x) = x, \\
&f(x) = x \quad \text{に対して} \quad g(x) = \frac{x^2}{2}, \\
&f(x) = \cos x \quad \text{に対して} \quad g(x) = \sin x, \\
&f(x) = \sin x \quad \text{に対して} \quad g(x) = -\cos x
\end{aligned}
\tag{3.2}
$$

などがその例である．

$f(x)$ の原始関数はただ1つではない．1つの原始関数 $g(x)$ が求まると，他の原始関数はすべて，

$$
F(x) = g(x) + C \quad (C \text{ は任意の定数}) \tag{3.3}
$$

の形で与えられる．実際，

$$
\frac{dF(x)}{dx} = \frac{dg(x)}{dx}
$$

であるから，

$$
\frac{d(F(x)-g(x))}{dx} = 0.
$$

よって，$F(x)-g(x)=$定数 である(系2.42)．

原始関数 $F(x)$ のことを

$$
\int f(x)dx, \quad \int^x f(x)dx, \quad \int f(x)dx + C
$$

などと表し，これらを $f(x)$ の**不定積分**(indefinite integral)とも言う．また，$f(x)$ を被積分関数と言う．上の例では，例えば

$$
\int 1\,dx \ (= \int dx \text{ と略す}) = x + C, \qquad \int x\,dx = \frac{1}{2}x^2 + C.
$$

関数 $f(x)$ によっては原始関数が存在しないこともある．例えば，$f(x)$ として例1.44のヘビサイド関数をとるとき(3.1)をみたす $g(x)$ は存在しない．なぜならば，もしも区間 $[-1,1]$ で(3.1)が正しいとすると

$$
g'(x) = \begin{cases} 0 & (-1 \leqq x < 0) \\ 1 & (0 < x \leqq 1) \end{cases}
$$

より

$$g(x) = \begin{cases} C_1 & (-1 \leqq x < 0) \\ x+C_2 & (0 < x \leqq 1) \end{cases} \quad (C_1, C_2 \text{ は任意定数})$$

でなくてはならない．$g(x)$ は $x=0$ で連続だから $C_1=C_2$(図3.1)．しかし，$g(x)$ は 0 で微分可能ではないので，(3.1)は意味を持たない．

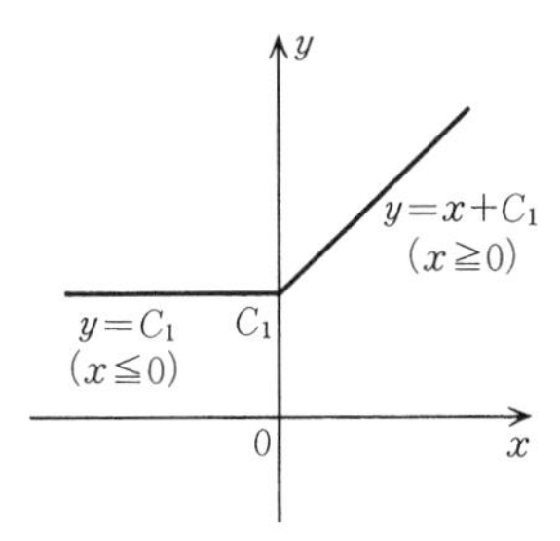

図 3.1　$y=g(x)$ のグラフ

もしも，$f(x)$ が連続ならば，次の項で示すように原始関数 $g(x)$ を実際に構成することができる．

(b)　原始関数の公式

定義から明らかなように，$f(x)$ が微分可能ならば

$$\int f'(x)dx = f(x)+C. \tag{3.4}$$

不定積分には次に述べるような線形性がある．

命題 3.1

(i)　$\displaystyle\int (f(x)+g(x))dx = \int f(x)dx + \int g(x)dx$

(ii)　$\displaystyle\int \lambda f(x)dx = \lambda \int f(x)dx$　(λ は定数)

[証明]　実際，$\displaystyle\int f(x)dx = F(x)$，$\displaystyle\int g(x)dx = G(x)$ とおくと

$$(F(x)+G(x))' = F'(x)+G'(x) = f(x)+g(x).$$

すなわち，

$$F(x)+G(x) = \int (f(x)+g(x))dx.$$

また，$(\lambda F(x))' = \lambda F'(x) = \lambda f(x)$ であるから，

$$\lambda F(x) = \int \lambda f(x) dx.$$

∎

以下の公式は，§2.1 で述べた微分の公式から，それぞれの右辺を積分してただちに導くことができる．

$$\int dx = x + C$$

$$\int x^{\lambda} dx = \frac{x^{\lambda+1}}{\lambda+1} + C \quad (\lambda \neq -1)$$ （例題 2.28 より）

$$\int \frac{dx}{x} = \log|x| + C$$ （(2.12)より）

$$\int e^x dx = e^x + C$$ （(2.7)より）

$$\int a^x dx = \frac{a^x}{\log a} + C \quad (a > 0,\ a \neq 1)$$ （例題 2.21 より）

$$\int \sin x\, dx = -\cos x + C$$ （(2.8)より）

$$\int \cos x\, dx = \sin x + C$$ （(2.8)より）

$$\int \frac{dx}{\cos^2 x} = \tan x + C$$ （例題 2.17 より）

$$\int \frac{dx}{\sin^2 x} = -\cot x + C$$ （例題 2.17 より）

$$\int \frac{dx}{a^2+x^2} = \frac{1}{a}\arctan\left(\frac{x}{a}\right) + C$$ （(2.15)より）

$$\int \frac{dx}{\sqrt{a^2-x^2}} = \arcsin\left(\frac{x}{a}\right) + C$$ （(2.15)より）

$$= -\arccos\left(\frac{x}{a}\right) + C'$$ （C' は C とは別の任意定数）

（(2.15)より）

問1　次を導け.

(1) $\displaystyle\int \frac{dx}{x-a} = \log|x-a|+C$

(2) $\displaystyle\int (x^2+x+1+x^{-1}+x^{-2})dx = \frac{x^3}{3}+\frac{x^2}{2}+x+\log|x|-\frac{1}{x}+C$

例題3.2　$\displaystyle\int \frac{dx}{x^2-a^2}$ $(a \neq 0)$ を求めよ.

［解］　$\dfrac{1}{x^2-a^2}$ を部分分数に展開すると,

$$\frac{1}{x^2-a^2} = \frac{1}{2a}\left(\frac{1}{x-a}-\frac{1}{x+a}\right)$$

であるから,

$$\int \frac{dx}{x^2-a^2} = \frac{1}{2a}(\log|x-a|-\log|x+a|)+C$$
$$= \frac{1}{2a}\log\left|\frac{x-a}{x+a}\right|+C.$$

∎

(c)　置換積分

変数 x に関する積分を，別の変数 t に関する積分に置き換えて求めることができる．今，2つの変数 x,t は，t の関数 $\phi(t)$ を用いて，$x=\phi(t)$ の関係にあるものとする.

定理3.3（置換積分）　$x=\phi(t)$ が導関数を持つとすれば，次の公式が成り立つ.

$$\int f(x)dx = \int f(\phi(t))\phi'(t)dt. \qquad (3.5)$$

ただし，右辺は得られた不定積分である t の関数に，$x=\phi(t)$ を t について逆に解いた x の関数を代入する.

［証明］　$\displaystyle\int f(x)dx = g(x)+C$. すなわち，$g'(x)=f(x)$ とする．合成関数の微分の公式(2.9)により

$$\frac{d}{dt}g(\phi(t)) = f(\phi(t))\phi'(t).$$

よって，

$$\int f(\phi(t))\phi'(t)dt = g(\phi(t))+C.$$

$x=\phi(t)$ より，(3.5)が成り立つ． ∎

例 3.4

$$\int tf(t^2)dt = \frac{1}{2}\int f(x)dx \quad (x=t^2)$$

$$\int \frac{f(\log t)}{t}dt = \int f(x)dx \quad (x=\log t)$$

$$\int f(\sin t)\cos t\,dt = \int f(x)dx \qquad (x=\sin t)$$

$$\int f(\cos t)\sin t\,dt = -\int f(x)dx \quad (x=\cos t)$$

□

例題 3.5　a, b が定数のとき，

$$\int (ax+b)^n dx = \frac{(ax+b)^{n+1}}{(n+1)a}+C \quad (a\neq 0,\ n\neq -1).$$

[解]　$ax+b=t$ とおくと，

$$\int (ax+b)^n dx = \int t^n\cdot\frac{1}{a}dt = \frac{t^{n+1}}{(n+1)a}+C$$
$$= \frac{(ax+b)^{n+1}}{(n+1)a}+C.$$

∎

例題 3.6　$\alpha, \beta, \gamma\ (\neq 0), \delta$ が定数のとき，

$$\int \frac{\alpha x+\beta}{\gamma x+\delta}dx = \frac{\alpha}{\gamma}x+\frac{1}{\gamma}\left(\beta-\frac{\alpha\delta}{\gamma}\right)\log|\gamma x+\delta|+C.$$

[解]

$$\alpha x+\beta = \frac{\alpha}{\gamma}(\gamma x+\delta)+\beta-\frac{\alpha\delta}{\gamma}$$

に注意して，

$$\frac{\alpha x+\beta}{\gamma x+\delta}=\frac{\alpha}{\gamma}+\left(\beta-\frac{\alpha\delta}{\gamma}\right)\frac{1}{\gamma x+\delta}.$$

$t=\gamma x+\delta$ とおくと，

$$\int\frac{dx}{\gamma x+\delta}=\frac{1}{\gamma}\log|\gamma x+\delta|+C$$

が得られるから，上記等式が成り立つ. ∎

例題 3.7　a が正定数のとき，

$$\int\sqrt{a^2-x^2}\,dx=\frac{1}{2}\left\{a^2\arcsin\frac{x}{a}+x\sqrt{a^2-x^2}\right\}+C.$$

[解]　$x=a\sin t\ (-\pi/2\leqq t\leqq\pi/2)$ とおくと，(3.5)より

$$\begin{aligned}\int\sqrt{a^2-x^2}\,dx&=a^2\int\cos^2t\,dt\\&=\frac{a^2}{2}\int(1+\cos 2t)dt=\frac{a^2}{2}\left\{t+\frac{1}{2}\sin 2t\right\}+C\\&=\frac{1}{2}\left\{a^2\arcsin\frac{x}{a}+x\sqrt{a^2-x^2}\right\}+C.\end{aligned}$$ ∎

例題 3.8　a が 0 でない定数のとき，$\displaystyle\int\frac{dx}{\sqrt{x^2+a}}$ を求めよ.

[解]　$\sqrt{x^2+a}+x=t$ とおくと

$$\frac{dt}{dx}=\frac{x}{\sqrt{x^2+a}}+1=\frac{t}{\sqrt{x^2+a}}.$$

ゆえに，

$$\frac{dx}{dt}=\frac{\sqrt{x^2+a}}{t},$$

$$\begin{aligned}\int\frac{dx}{\sqrt{x^2+a}}&=\int\frac{1}{\sqrt{x^2+a}}\cdot\frac{\sqrt{x^2+a}}{t}dt\\&=\int\frac{dt}{t}=\log|t|+C=\log|\sqrt{x^2+a}+x|+C.\end{aligned}$$ ∎

問 2　次の不定積分を求めよ．ただし a は正定数とする.

(1) $\int \sin 2x\,dx$　(2) $\int xe^{-x^2}dx$　(3) $\int \frac{x^3+2}{(1+x)x}dx$

(4) $\int \frac{x}{\sqrt{a^2-x^2}}dx$　(5) $\int \frac{\log x}{x}dx$　(6) $\int x\sqrt{x-1}\,dx$

(7) $\int \sqrt{x^2-a^2}\,dx$　(8) $\int \frac{x}{\sqrt{x^2-3x+1}}dx$　(9) $\int \frac{dx}{(x^2+a^2)^{3/2}}$

例題 3.9　$\int \frac{dx}{1+x^4}$ を求めよ.

[解]　$1+x^4=(1+x^2)^2-2x^2=(1+x^2+\sqrt{2}\,x)(1+x^2-\sqrt{2}\,x)$ と2次式に因数分解されるので，$\frac{1}{1+x^4}$ の部分分数展開を求める．そのために

$$\frac{1}{1+x^4}=\frac{Ax+B}{1+x^2+\sqrt{2}\,x}+\frac{Cx+D}{1+x^2-\sqrt{2}\,x}$$

とおいて A,B,C,D を求める．この式の分母を払うと，

$$1=(Ax+B)(1+x^2-\sqrt{2}\,x)+(Cx+D)(1+x^2+\sqrt{2}\,x).$$

定数項, x, x^2, x^3 の係数を比べて，$B=D=1/2$, $A=-C=1/2\sqrt{2}$ を得る．ゆえに，

$$\int \frac{dx}{1+x^4}=\int \frac{\dfrac{x}{2\sqrt{2}}+\dfrac{1}{2}}{1+x^2+\sqrt{2}\,x}dx+\int \frac{-\dfrac{x}{2\sqrt{2}}+\dfrac{1}{2}}{1+x^2-\sqrt{2}\,x}dx. \quad (3.6)$$

さて，右辺の被積分関数の分子は，それぞれ

$$\frac{x}{2\sqrt{2}}+\frac{1}{2}=\frac{1}{4\sqrt{2}}\left(2x+\sqrt{2}\right)+\frac{1}{4},$$

$$-\frac{x}{2\sqrt{2}}+\frac{1}{2}=-\frac{1}{4\sqrt{2}}(2x-\sqrt{2})+\frac{1}{4}$$

と表される．ところで，

$$\frac{2x\pm\sqrt{2}}{1+x^2\pm\sqrt{2}\,x}=(\log(1+x^2\pm\sqrt{2}\,x))',$$

また積分公式より

$$\int \frac{dx}{1+x^2 \pm \sqrt{2}\,x} = \int \frac{dx}{\left(x \pm \dfrac{\sqrt{2}}{2}\right)^2 + \dfrac{1}{2}} = \sqrt{2}\arctan(\sqrt{2}\,x \pm 1) + C$$

となる．ゆえに，(3.6)の右辺 2 項はそれぞれ積分可能で，結果として

$$\int \frac{dx}{1+x^4} = \frac{1}{4\sqrt{2}} \log\left(\frac{1+x^2+\sqrt{2}\,x}{1+x^2-\sqrt{2}\,x}\right) + \frac{\sqrt{2}}{4}\arctan(\sqrt{2}\,x+1) + \frac{\sqrt{2}}{4}\arctan(\sqrt{2}\,x-1) + C$$

を得る． ∎

一般に有理式の不定積分は，部分分数に展開して求められる．

$f(x)$ が 3 角関数 $\cos x, \sin x$ の有理式のときは，$\tan\dfrac{x}{2}=t$ とおくと，関係式

$$\sin x = \frac{2t}{1+t^2}, \quad \cos x = \frac{1-t^2}{1+t^2}, \quad \frac{dx}{dt} = \frac{2}{1+t^2}$$

によって有理式の不定積分に帰着する．

例えば，$\displaystyle\int \frac{dx}{a+b\cos x}$ を求めるには，$\tan\dfrac{x}{2}=t$ とおくことにより，

$$\int \frac{dx}{a+b\cos x} = \int \frac{1}{a+b\dfrac{1-t^2}{1+t^2}} \frac{2\,dt}{1+t^2} = 2\int \frac{dt}{(a-b)t^2+a+b} \tag{3.7}$$

と有理式の積分に帰着する．

(d)　部分積分

$f(x)$ の原始関数を $F(x)$ とするとき，(3.4)より，

$$\int (F(x)g(x))'dx = F(x)g(x).$$

一方，

$$(F(x)g(x))' = F'(x)g(x) + F(x)g'(x) = f(x)g(x) + F(x)g'(x)$$

であるから，

$$F(x)g(x)=\int f(x)g(x)dx+\int F(x)g'(x)dx.$$

よって，次の定理を得る．

定理 3.10（部分積分）

$$\int f(x)g(x)dx=\left(\int f(x)dx\right)g(x)-\int\left(\int f(x)dx\right)g'(x)dx. \qquad (3.8)$$

□

この公式は，不定積分を求めるのに威力を発揮する．次にいくつかの実例でみてみよう．

例 3.11

$$\int \log|x|dx=x\log|x|-x+C.$$

$f(x)=1$, $g(x)=\log|x|$ として，(3.8)を適用すると，

$$\begin{aligned}\int \log|x|dx&=x\log|x|-\int x\frac{dx}{x}\\&=x\log|x|-\int dx=x\log|x|-x+C.\end{aligned}$$

□

問 3　次の不定積分を求めよ．

（1）$\displaystyle\int x^n\log|x|dx \quad (n=1,2,\cdots)$　　（2）$\displaystyle\int x^ne^xdx \quad (n=1,2,\cdots)$

例題 3.12　不定積分の数列

$$I_n=\int\frac{dx}{(x^2+a^2)^n} \quad (a\neq 0,\ n=1,2,3,\cdots)$$

のみたす漸化式を求めよ．

［解］　$n>1$ と仮定する．

$$I_n=\frac{1}{a^2}\int\frac{(x^2+a^2)-x^2}{(x^2+a^2)^n}dx$$

$$= \frac{1}{a^2}\int\frac{dx}{(x^2+a^2)^{n-1}} - \frac{1}{a^2}\int\frac{x^2}{(x^2+a^2)^n}dx$$
$$= \frac{1}{a^2}I_{n-1} - \frac{1}{a^2}\int\frac{x^2}{(x^2+a^2)^n}dx.$$

さて,

$$\frac{x}{(x^2+a^2)^n} = \frac{1}{2(1-n)}\left\{\frac{1}{(x^2+a^2)^{n-1}}\right\}' \quad (n \geqq 2)$$

に注意して, $f(x) = \dfrac{x}{(x^2+a^2)^n}$, $g(x) = x$ とおくと, (3.8)より,

$$\int\frac{x^2dx}{(x^2+a^2)^n} = \frac{1}{2(1-n)}\frac{x}{(x^2+a^2)^{n-1}} - \frac{1}{2(1-n)}\int\frac{1}{(x^2+a^2)^{n-1}}dx.$$

ゆえに,

$$I_n = \frac{1}{2(n-1)a^2}\left\{\frac{x}{(x^2+a^2)^{n-1}} + (2n-3)I_{n-1}\right\}.$$

$I_1 = \dfrac{1}{a}\arctan(x/a)$ より, I_n $(n \geqq 2)$ は順次すべて求まる. ∎

問4　次の漸化式が成り立つことを示せ.

(1)　$I_n = \displaystyle\int\frac{x^n}{\sqrt{a^2-x^2}}dx$ $(a \neq 0)$ とおくと,

$$nI_n = -\sqrt{a^2-x^2}\,x^{n-1} + (n-1)a^2I_{n-2} \quad (n \geqq 2).$$

(2)　$I_n = \displaystyle\int\frac{x^n}{\sqrt{x^2-a^2}}dx$ $(a \neq 0)$ とおくと,

$$nI_n = \sqrt{x^2-a^2}\,x^{n-1} + (n-1)a^2I_{n-2} \quad (n \geqq 2).$$

(e)　簡単な微分方程式

関数 $f(x)$ とその導関数 $f'(x)$ を含む関係式を微分等式と言う. 例えば, $f(x) = x^2+1$ の場合, $f'(x) = 2x$ であるから, 微分等式 $f(x) = \dfrac{1}{4}f'(x)^2+1$ が成り立つ. 逆に, このような関係式が先に与えられているとき, 未知関数 $f(x)$ を求めることを微分方程式を解くと言い, その関係式を微分方程式, $f(x)$ をその解と言う. すなわち, 微分方程式

$$\frac{1}{4}\left(\frac{dy}{dx}\right)^2 + 1 = y$$

の1つの解が，$y=x^2+1$ である．この項ではごく簡単な微分方程式の例とその解を示すことにする．

例題 3.13　次の微分方程式を解け．

$$\frac{dy}{dx}=0 \tag{3.9}$$

［解］　平均値の定理(系 2.42)により，$f'(x)=0$ ならば，$f(x)=$ 定数 であった．よって，$y=C$ (C は任意定数)が(3.9)の解である． ■

以下，この項では断らない限り，C は任意定数を表す．

例題 3.14　次の微分方程式を解け．

$$\frac{dy}{dx}=\alpha \quad (\alpha \text{ は定数}) \tag{3.10}$$

［解］　$u=y-\alpha x$ とおくと，$\dfrac{du}{dx}=0$．ゆえに，例題 3.13 より $u=C$．したがって，$y=\alpha x+C$ で与えられる．幾何学的には，勾配が定数 α の曲線 $y=f(x)$ は互いに平行な直線になっていることを示している． ■

例題 3.13，例題 3.14 のように任意定数 C を含む解を一般解と言う．

問 5　例題 3.14 の解を使って，$\dfrac{dy}{dx}=2$，$x=1$ のとき $y=3$ となる関数 $y=f(x)$ を求めよ．

問 6　次の微分方程式を解け．

(1) $\dfrac{dy}{dx}=\alpha x+\beta$　(α,β は定数)　　(2) $\dfrac{dy}{dx}=\cos x$

例題 3.15　次の微分方程式を解け．

$$\frac{dy}{dx}=\frac{\lambda}{x} \quad (x\neq 0,\ \lambda \text{ は定数}) \tag{3.11}$$

［解］　$u=y-\lambda\log|x|$ とおくと，$\dfrac{du}{dx}=0$．したがって，$y=\lambda\log|x|+C$ が解である． ■

例題 3.16　次の微分方程式を解け．

$$\frac{dy}{dx} = \lambda y \quad (\lambda \text{ は定数}) \tag{3.12}$$

［解］　$u=y/e^{\lambda x}$ とおくと，$y=ue^{\lambda x}$.

$$\frac{dy}{dx} = \left(\frac{du}{dx} + \lambda u\right)e^{\lambda x} = \lambda u e^{\lambda x}.$$

したがって，$\dfrac{du}{dx}=0$. 例題 3.13 の解より，$u=C$. すなわち，$y=Ce^{\lambda x}$ が解である.

解のグラフを描けば図 3.2 のようになる.　■

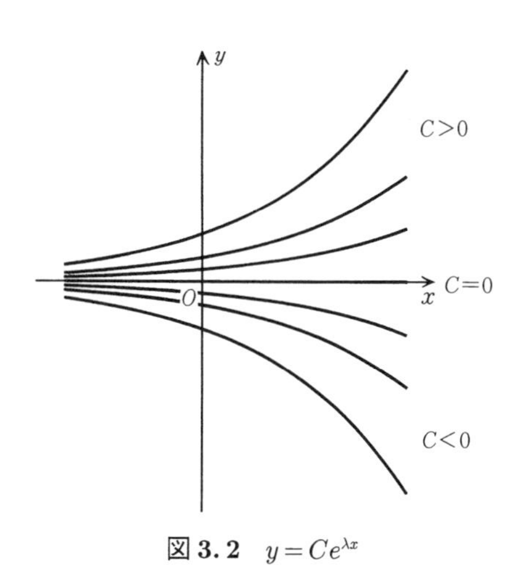

図 **3.2**　$y=Ce^{\lambda x}$

例題 3.17　次の微分方程式を解け.

$$\frac{dy}{dx} = \lambda \frac{y}{x} \quad (\lambda \text{ は正定数}) \tag{3.13}$$

［解］　$z=\log|y|$ とおくと，合成関数の微分の公式(2.9)より

$$\frac{dz}{dx} = \frac{1}{y}\frac{dy}{dx} = \lambda \frac{1}{x}.$$

例題 3.15 より，$z=\lambda\log|x|+C_1$. ゆえに $\log|y|=\lambda\log|x|+C_1$. すなわち

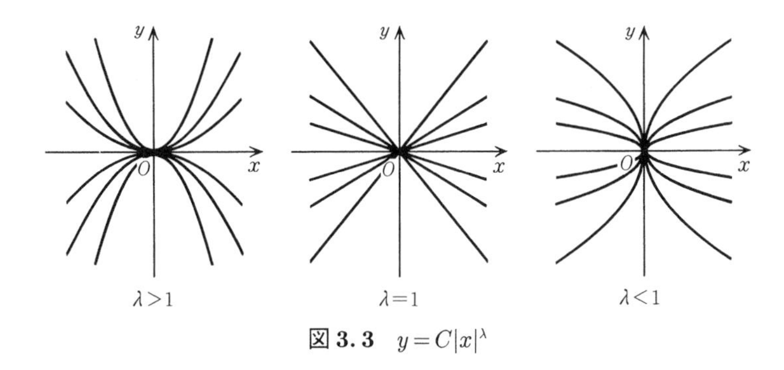

図 **3.3** $y=C|x|^{\lambda}$

$y=C|x|^{\lambda}$ $(C\neq 0)$ と書ける．$y=0$ も解だから，合わせて $y=C|x|^{\lambda}$，C は任意定数，と書ける(図 3.3)． ∎

例題 3.18 次の微分方程式を解け．

$$\frac{dy}{dx}=-\lambda\frac{x}{y}\quad(\lambda \text{ は正定数})\tag{3.14}$$

［解］ $z=y^2$ とおくと，

$$\frac{dz}{dx}=2y\cdot\left(-\lambda\frac{x}{y}\right)=-2\lambda x.$$

ゆえに $z=-\lambda x^2+C$．すなわち，$y^2+\lambda x^2=C$，$y=\pm\sqrt{C-\lambda x^2}$．この解は $C-\lambda x^2\geqq 0$ のときにしか定義されない．解は図 3.4 のように楕円の集まりである． ∎

§3.2 定積分

定積分は，面積を求める極限の操作，求積法を一般化した概念である．定積分の定義，基本的性質について以下に述べる．

(a) 面積

$[a,b]$ 上の非負関数 $f(x)$ に対して，$y=f(x)$ のグラフと x 軸および直線 $x=a$，$x=b$ で囲まれた図形 D の面積について考える．

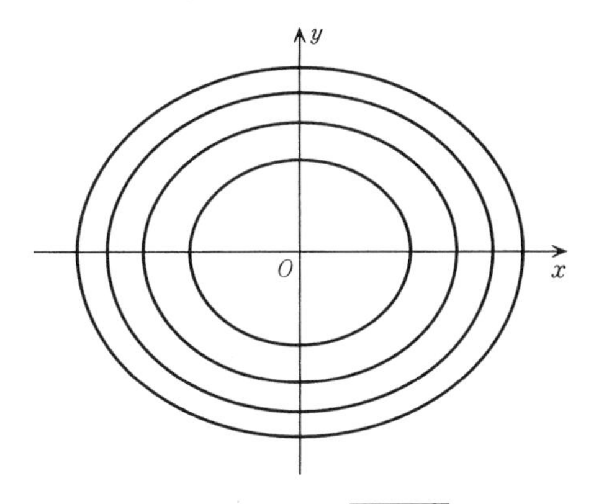

図 **3.4**　$y=\pm\sqrt{C-\lambda x^2}$

$[a,b]$ を n 等分し，$h=(b-a)/n$, $x_k=a+kh\ (0\leqq k\leqq n)$ とおく．点 $(x_k,0)$ を A_k，点 $(x_k,f(x_k))$ を B_k とおく．すると台形 $A_{k-1}A_kB_kB_{k-1}$ の面積 δ_k は

$$\delta_k = \frac{1}{2}(x_k-x_{k-1})(f(x_{k-1})+f(x_k))$$

で与えられる．これを $k=1,2,\cdots,n$ について和をとったもの

$$S_n = \sum_{k=1}^{n}\delta_k$$

は，D の面積を近似していると考えられる．n を限りなく大きくすれば，S_n は限りなく D の面積に近づく．

この操作を $f(x)=x^2\ (a\leqq b)$ の場合に具体的に計算してみよう．δ_k は

$$\begin{aligned}\delta_k &= \frac{1}{2}h[(a+(k-1)h)^2+(a+kh)^2]\\ &= \frac{1}{2}h[2a^2+2a(2k-1)h+\{(k-1)^2+k^2\}h^2]\\ &= \frac{1}{2}h[(2a^2-2ah+h^2)+(4ah-2h^2)k+2h^2k^2]\end{aligned}$$

で与えられる．等差数列の和の公式

$$\sum_{k=1}^{n}k = \frac{n(n+1)}{2},\quad \sum_{k=1}^{n}k^2 = \frac{n(n+1)(2n+1)}{6}$$

を利用して

$$S_n = \frac{1}{2}h\left[(2a^2-2ah+h^2)n+(4ah-2h^2)\frac{n(n+1)}{2}+2h^2\frac{n(n+1)(2n+1)}{6}\right]$$

となる．$h=(b-a)/n$ を代入して，$n\to\infty$ とすれば

$$\lim_{n\to\infty} S_n = \frac{1}{2}(b-a)\{2a^2+2a(b-a)+\frac{2}{3}(b-a)^2\}$$
$$= \frac{1}{3}(b-a)(a^2+ab+b^2) = \frac{1}{3}(b^3-a^3).$$

すなわち，D の面積は $(b^3-a^3)/3$ である．

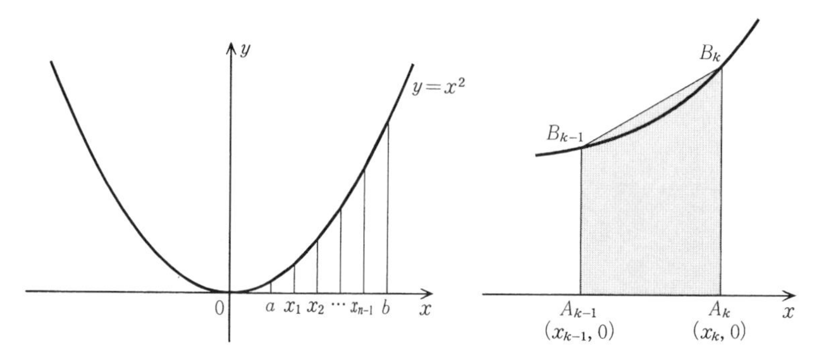

図 3.5　n 分割による面積の近似

古代ギリシャの数理科学者アルキメデスは，この方法とは少し違って，D の面積を求めるのに，区間 $[a,b]$ を $n=2^m$ 等分して $m\to\infty$ のときの S_n の極限値を求めたのである．上記の方法では等差数列の公式を利用したが，アルキメデスの場合は等比級数が使われている．

問 7　アルキメデスの方法(図 3.6 参照)で D の面積を求めよ．

(b)　定積分の定義

前項の方法を拡張して，一般の関数の定積分を定義する．$f(x)$ は $[a,b]$ 上の連続関数とする．$[a,b]$ の n 分割(等分割とは限らない)

$$\Delta:\ a=x_0<x_1<\cdots<x_n=b$$

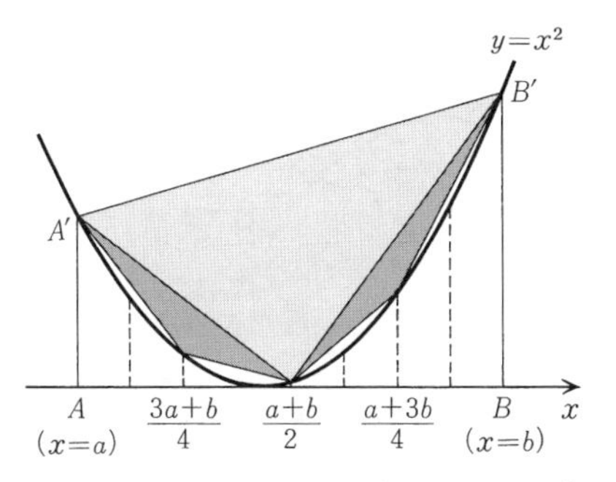

図 3.6　アルキメデスの取り尽くしの方法．台形 $ABB'A'$ から 3 角形たちの面積を差し引いていく．

に対して，各小区間 $[x_{k-1}, x_k]$ における $f(x)$ の最大値，最小値をそれぞれ M_k, L_k とする．また，$[x_{k-1}, x_k]$ の勝手な点 ξ_k をとる．いま，3 種類の和，

$$S_{\Delta,\ \min} = \sum_{k=1}^{n} L_k \cdot (x_k - x_{k-1}),$$

$$S_{\Delta,\ \max} = \sum_{k=1}^{n} M_k \cdot (x_k - x_{k-1}),$$

$$S_{\Delta} = \sum_{k=1}^{n} f(\xi_k) \cdot (x_k - x_{k-1})$$

を考える．

$$L_k \leqq f(\xi_k) \leqq M_k$$

であるから，

$$S_{\Delta,\ \min} \leqq S_{\Delta} \leqq S_{\Delta,\ \max}$$

であって，差は，

$$S_{\Delta,\ \max} - S_{\Delta,\ \min} = \sum_{k=1}^{n} (M_k - L_k)(x_k - x_{k-1}).$$

$|\Delta|$ で分割幅(mesh)の最大幅

$$|\Delta| = \max_{1 \leqq k \leqq n} (x_k - x_{k-1})$$

を表しておく．分割 Δ を細かくしてゆくとき，すなわち，$|\Delta| \to 0$ とすると

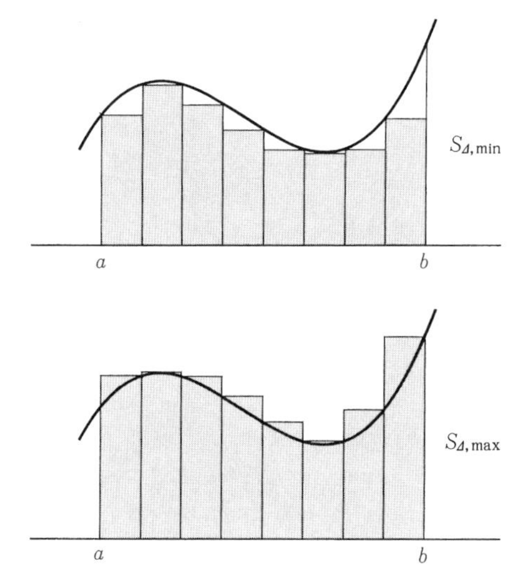

図 3.7　分割を用いたリーマンの有限和による近似

き，$S_{\Delta,\max}$，$S_{\Delta,\min}$ が分割 Δ のとり方にかかわらず一定値 α に近づくものとする．このとき，S_Δ もまた α に近づく．すなわち

$$\lim_{|\Delta|\to 0} S_\Delta = \alpha. \tag{3.15}$$

α は点 $\{\xi_k\}_{k=1}^n$ のとり方にもよらない．この極限値 α を $f(x)$ の a から b までの**定積分**(definite integral)と言い，$\displaystyle\int_a^b f(x)dx$ と書く．このとき，被積分関数 $f(x)$ は $[a,b]$ において**リーマン**(Riemann)**積分可能**，または単に積分可能であると言う．

どのような関数 $f(x)$ が積分可能であろうか？　これはなかなか難しい問題である．実際，19 世紀から数学者たちを悩まし続けてきた大問題の 1 つであった．

定義 3.19　$[a,b]$ 上の関数 $f(x)$ が，たかだか有限個の点 c_k $(a=c_0<c_1<\cdots<c_r=b)$ を除いて連続で，各点 c_k での右および左極限値 $f(c_k\pm 0)$ $(0<k<r)$，および右極限値 $f(a+0)$，左極限値 $f(b-0)$ が存在するならば，$f(x)$ は**区分的に連続**(piecewise continuous)であると言う．明らかに，$f(x)$ は $[a,b]$ で

で有界になる. □

例えば, 例1.43, 例1.44の関数は連続ではないが区分的に連続である.

定理3.20 $f(x)$ が $[a,b]$ において区分的に連続ならば, $f(x)$ はリーマン積分可能である. □

定理の証明を一般的に遂行するにはかなりの準備が必要なので, それは『微分と積分2』にゆずる.

$f(x)$ がリーマン積分可能ならば, 前項(a)で考えた有限和

$$S_n = \sum_{k=1}^{n} \frac{b-a}{2n}(f(a+(k-1)h)+f(a+kh)), \quad h = \frac{b-a}{n},$$

あるいは

$$S'_n = \frac{b-a}{n}\sum_{k=1}^{n} f(a+(k-1)h),$$

$$S''_n = \frac{b-a}{n}\sum_{k=1}^{n} f(a+kh)$$

はすべて, $n\to\infty$ に対して同一の値 $\int_a^b f(x)dx$ に近づく.

例1.66のディリクレ関数は区分的に連続ではない. 実際,

$$S_{\Delta,\max} = 1, \quad S_{\Delta,\min} = 0$$

となっているので, $\lim_{|\Delta|\to 0} S_{\Delta,\max} = 1$, $\lim_{|\Delta|\to 0} S_{\Delta,\min} = 0$ であり(3.15)は成り立たない. したがって, リーマン積分可能にはならない.

問8 $f(x)$ を例1.43または例1.44の関数とするとき, $\int_{-1}^{2} f(x)dx$ を求めよ.

注意3.21 $f(x)=1$ のとき, $\int_a^b 1\,dx$ を単に $\int_a^b dx$ と書く.

注意3.22 $y=f(x)$ と x 軸および直線 $x=a$, $x=b$ で囲まれた図形 D の面積は, $f(x)$ が負の値もとるときは $\int_a^b f(x)dx$ ではなく $\int_a^b |f(x)|dx$ で与えられる. 例えば, $f(x)=x$, $a=-1$, $b=1$ のとき, $\int_{-1}^{1} x\,dx=0$ であるが, D の面積は, $\int_{-1}^{1}|x|dx=1$.

$f(x)$ の定積分は D を $f(x)$ が正の部分, 負の部分に分けて, それらの面積に符

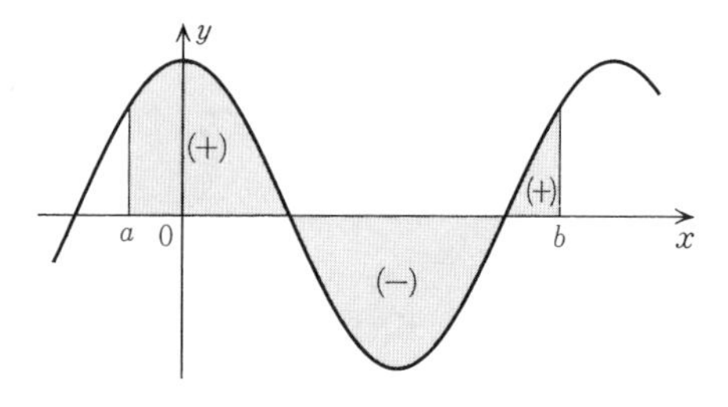

図 3.8　定積分の符号と面積

号を付けて和をとったものと考えることができる.

(c)　定積分の性質

不定積分の線形性に対応して定積分の線形性が成り立つ.

命題 3.23　$f(x)$, $g(x)$ が $[a,b]$ 上で区分的に連続とする．このときには，$f(x)+g(x)$, $\lambda f(x)$ $(\lambda\in\mathbb{R})$ も区分的に連続で，

$$\int_a^b (f(x)+g(x))dx = \int_a^b f(x)dx + \int_a^b g(x)dx, \tag{3.16}$$

$$\int_a^b \lambda f(x)dx = \lambda \int_a^b f(x)dx. \tag{3.17}$$

［証明］　関数 $f(x)$, $g(x)$ が同時に連続になる小区間に分けて考えれば，命題 1.58，命題 1.59 により $f(x)+g(x)$ が区分的に連続であることがわかる．$\lambda f(x)$ が区分的に連続なことは明らか．関数 $f(x)$, $g(x)$, $f(x)+g(x)$ に対するリーマンの有限和は，それぞれ

$$S_\Delta(f) = \sum_{k=1}^{n} f(\xi_k)(x_k - x_{k-1}),$$

$$S_\Delta(g) = \sum_{k=1}^{n} g(\xi_k)(x_k - x_{k-1}),$$

$$S_\Delta(f+g) = \sum_{k=1}^{n} (f(\xi_k)+g(\xi_k))(x_k - x_{k-1})$$

であるから，

$$S_\Delta(f+g) = S_\Delta(f) + S_\Delta(g)$$

が成り立つ．$|\Delta| \to 0$ の極限をとると

$$\lim_{|\Delta|\to 0} S_\Delta(f+g) = \int_a^b (f(x)+g(x))dx,$$

$$\lim_{|\Delta|\to 0} S_\Delta(f) = \int_a^b f(x)dx,$$

$$\lim_{|\Delta|\to 0} S_\Delta(g) = \int_a^b g(x)dx$$

となっているので(3.16)が成り立つ．また，

$$S_\Delta(\lambda f) = \lambda \sum_{k=1}^{n} f(\xi_k)(x_k - x_{k-1})$$

だから，

$$\lim_{|\Delta|\to 0} S_\Delta(\lambda f) = \lambda \int_a^b f(x)dx$$

となって，(3.17)が成り立つ． ∎

例 3.24 A, B, C を定数とする．

$$\int_a^b (Ax^2+Bx+C)dx = A\int_a^b x^2dx + B\int_a^b x\,dx + C\int_a^b dx$$
$$= \frac{A}{3}(b^3-a^3) + \frac{B}{2}(b^2-a^2) + C(b-a).$$

□

命題 3.25 $[a,b]$ 上，$f(x), g(x)$ が共に区分的に連続とする．いたるところ $f(x) \leqq g(x)$ ならば，

$$\int_a^b f(x)dx \leqq \int_a^b g(x)dx.$$

特に

$$\int_a^b f(x)dx \leqq \int_a^b |f(x)|dx.$$

［証明］ $[a,b]$ の分割 Δ に対するリーマンの有限和を各々 $S_\Delta(f)$, $S_\Delta(g)$ と

おく．各 k について $f(\xi_k) \leqq g(\xi_k)$ だから，

$$S_\Delta(f) = \sum_{k=1}^{n} (x_k - x_{k-1}) f(\xi_k) \leqq \sum_{k=1}^{n} (x_k - x_{k-1}) g(\xi_k) = S_\Delta(g).$$

$|\Delta| \to 0$ の極限をとって所要の不等式を得る．■

系 3.26　$f(x) \geqq 0$ ならば $\displaystyle\int_a^b f(x)dx \geqq 0$．□

例 3.27　$f(x)$ が正でも負でも，$\displaystyle\int_a^b f(x)^2 dx \geqq 0$．□

系 3.28　$f(x), g(x)$ が共に区分的に連続ならば，

$$\int_a^b |f(x)+g(x)|dx \leqq \int_a^b |f(x)|dx + \int_a^b |g(x)|dx. \qquad (3.18)$$
□

例題 3.29　$|f(x)| \leqq K$ ならば，次式が成り立つことを示せ．

$$\left| \int_a^b f(x)dx \right| \leqq K(b-a)$$

［解］　$[a,b]$ 上いたるところ $-K \leqq f(x) \leqq K$ である．よって，

$$-K\int_a^b dx \leqq \int_a^b f(x)dx \leqq K\int_a^b dx.$$

すなわち，

$$-K(b-a) \leqq \int_a^b f(x)dx \leqq K(b-a).$$
■

例 3.30

$$\left| \int_a^b \sin(\alpha x + \beta)dx \right| \leqq b-a.$$
□

例題 3.31　$f(x)$ は $[a,b]$ で非負な連続関数とする．$f(x)$ が恒等的に 0 でない限り，$\displaystyle\int_a^b f(x)dx > 0$ であることを示せ．

［解］　$f(c) > 0$ とする．$f(x)$ は c で連続であるから，十分小さな正数 h をとると

$$|x-c| \leqq h \quad \text{ならば} \quad f(x) \geqq \frac{1}{2}f(c) > 0$$

となるようにできる．命題3.25より

$$\int_{c-h}^{c+h} f(x)dx \geqq 2h\cdot\frac{1}{2}f(c) = f(c)h > 0.$$

ゆえに，

$$\int_a^b f(x)dx \geqq \int_{c-h}^{c+h} f(x)dx > 0.$$

∎

次の不等式は広く利用される重要な不等式である．

命題3.32（シュワルツ(Schwarz)の不等式） $f(x)$, $g(x)$ が連続なとき，

$$\left(\int_a^b f(x)g(x)dx\right)^2 \leqq \int_a^b f(x)^2dx \int_a^b g(x)^2dx. \tag{3.19}$$

もしも等号が成り立てば，$f(x)=\lambda g(x)$（λ は定数），または $g(x)=0$ である．

［証明］ 任意の定数 λ に対して

$$\int_a^b (f(x)-\lambda g(x))^2dx \geqq 0$$

である．すなわち，

$$\lambda^2\int_a^b g(x)^2dx - 2\lambda\int_a^b f(x)g(x)dx + \int_a^b f(x)^2dx \geqq 0. \tag{3.20}$$

初めに $\int_a^b g(x)^2dx > 0$ と仮定するとき，λ の2次式(3.20)の判別式 D は

$$D = \left(\int_a^b f(x)g(x)dx\right)^2 - \int_a^b f(x)^2dx \int_a^b g(x)^2dx \leqq 0$$

である．もし，$D=0$ ならば，2次関数の性質からある定数 λ_0 があって

$$\int_a^b (f(x)-\lambda_0 g(x))^2dx = 0.$$

よって，$f(x)-\lambda_0 g(x)=0$ となる．

次に $\int_a^b g(x)^2dx=0$ とすると，例題3.31により $g(x)=0$ であり，両辺とも0になって不等式(3.19)は等式となる．

∎

命題 3.33（区間についての加法性）　$f(x)$ が $[a,b]$ 上で区分的に連続とする．任意の c $(a<c<b)$ に対して，

$$\int_a^b f(x)dx = \int_a^c f(x)dx + \int_c^b f(x)dx. \tag{3.21}$$

［証明］　$[a,c]$ のひとつの分割を Δ_1，$[c,b]$ のひとつの分割を Δ_2 とするとき，Δ_1 と Δ_2 の合併は $[a,b]$ の分割 Δ を与える．ゆえに，

$$S_\Delta = S_{\Delta_1} + S_{\Delta_2}.$$

$|\Delta_1| \to 0$，$|\Delta_2| \to 0$ のとき $|\Delta| \to 0$ である．$|\Delta_1| \to 0$，$|\Delta_2| \to 0$ のとき $S_{\Delta_1} + S_{\Delta_2} \to \int_a^c f(x)dx + \int_c^b f(x)dx$．一方，$S_\Delta \to \int_a^b f(x)dx$．その結果(3.21)が成り立つ．∎

注意 3.34　$a=b$ のときは，$\int_a^a f(x)dx = 0$ と考え，$a>b$ のときは，

$$\int_a^b f(x)dx = -\int_b^a f(x)dx$$

と考える．このとき，(3.21)は $c \leqq a$ または $b \leqq c$ であっても，$f(x)$ がそれぞれ $[c,b]$ または $[a,c]$ で区分的に連続ならばつねに成立する．

§3.3　定積分と不定積分

(a)　微積分学の基本定理

次の2つの定理は微積分学の基本定理と呼ばれている重要な定理である．

定理 3.35　$f(x)$ が $[a,b]$ で区分的に連続とする．関数

$$F(x) = \int_a^x f(t)dt \tag{3.22}$$

は $[a,b]$ 上で連続である．さらに，任意の α, β $(a \leqq \alpha < \beta \leqq b)$ に対して

$$F(\beta) - F(\alpha) = \int_\alpha^\beta f(t)dt. \tag{3.23}$$

［証明］　実際，$\alpha \in [a,b]$ を固定する．$|f(x)| \leqq \|f\|$（$\|f\|$ については§1.4の注意1.70をみよ）であるから例題3.29より，任意の $h \in \mathbb{R}$ ($|h|$ は十分小さい) に対して

$$|F(\alpha+h)-F(\alpha)| = \left|\int_\alpha^{\alpha+h} f(t)dt\right| \leqq |h|\|f\|.$$

ゆえに，$|h|\to 0$ のとき，$F(\alpha+h)\to F(\alpha)$ となって $F(x)$ は α で連続になる．(3.23)は命題3.33からただちに得られる． ∎

注意 3.36　$F(\beta)-F(\alpha)$ を $[F(x)]_\alpha^\beta$ とも書く．また，誤解が生じなければ，$\int_a^x f(t)dt$ を単に $\int_a^x f(x)dx$ とも書く．

例 3.37

$$\int_0^x t^\lambda dt = \frac{x^{\lambda+1}}{\lambda+1} \qquad (\lambda>0,\ x>0)$$

$$\int_1^x \frac{dt}{t} = \log x \qquad (x>0)$$

$$\int_0^x e^t dt = e^x - 1$$

$$\int_0^x a^t dt = \frac{a^x-1}{\log a} \qquad (a>0)$$

$$\int_0^x \sin t\,dt = -\cos x + 1$$

□

定理 3.38　$f(x)$ が (a,b) で区分的に連続とする．もしも $f(x)$ が1点 $\alpha\in(a,b)$ で連続ならば，(3.22)の関数 $F(x)$ は $x=\alpha$ で微分可能であって，

$$F'(\alpha) = f(\alpha).$$

特に $f(x)$ が $[a,b]$ 全体で連続ならば，$F(x)$ が $[a,b]$ 全体で微分可能であって $F'(x)=f(x)$，すなわち，$F(x)$ は $f(x)$ の原始関数になる．

［証明］　$f(x)$ は点 $\alpha\in(a,b)$ で連続とする．

$$F(\alpha+h)-F(\alpha) = \int_a^{\alpha+h} f(t)dt - \int_a^\alpha f(t)dt = \int_\alpha^{\alpha+h} f(t)dt.$$

$|h|$ が十分に小さいならば，$t\in[\alpha,\alpha+h]$，$h>0$（または $t\in[\alpha+h,\alpha]$，$h<0$）のとき $|f(t)-f(\alpha)|$ をいくらでも小さくできる．すなわち，$h\to 0$ のときに

$$\max_{t\in[\alpha,\alpha+h]}|f(t)-f(\alpha)|\to 0 \quad \text{または} \quad \max_{t\in[\alpha+h,\alpha]}|f(t)-f(\alpha)|\to 0.$$

よって，

$$\int_\alpha^{\alpha+h}(f(t)-f(\alpha))dt = o(h).$$

ゆえに，

$$\begin{aligned}\int_\alpha^{\alpha+h} f(t)dt &= \int_\alpha^{\alpha+h} f(\alpha)dt+\int_\alpha^{\alpha+h}(f(t)-f(\alpha))dt \\ &= hf(\alpha)+o(h).\end{aligned}$$

ここで，$F(x)$ の微分の定義を思い出すと，等式 $F'(\alpha)=f(\alpha)$ が得られる．$f(x)$ が $[a,b]$ 全体で連続ならば，α は任意にとってよいから，いたるところ $F'(x)=f(x)$ となる． ∎

上記定理は，$f(x)$ の a から x までの定積分 $F(x)$ が $f(x)$ の原始関数を与えること，すなわち微分の逆演算が積分によって与えられることを述べている．言いかえれば，不定積分は x までの定積分を行なうことで得られる．

(3.22)で定義される $F(x)$ は，

$$F'(x) = f(x), \quad F(a) = 0$$

をみたす関数として一意に決定される．

例題 3.39　$f(x)$ が $[a,b]$ で連続なとき

$$g(x) = \int_a^x (x-t)f(t)dt$$

とおく．$g'(x)$, $g''(x)$ を求めよ．

[解]

$$\begin{aligned}g'(x) &= \left(x\int_a^x f(t)dt-\int_a^x tf(t)dt\right)' \\ &= \int_a^x f(t)dt+xf(x)-xf(x) = \int_a^x f(t)dt.\end{aligned}$$

さらにこれを微分することができて $g''(x)=f(x)$ を得る． ∎

定積分 $\int_a^b f(x)dx$ の値をいつも定義に戻って計算するのはごく簡単な例を除いて困難である．$f(x)$ の原始関数 $F(x)$ が求められる場合には公式(3.23)を利用して求められる．以下，いくつかの例を紹介する．

例題 3.40　非負整数 m, n に対して，

（1）　$$\int_0^{2\pi} \cos nx \sin mx \, dx = 0$$

（2）　$$\int_0^{2\pi} \cos nx \cos mx \, dx = \begin{cases} 0 & (n \neq m) \\ \pi & (n = m \neq 0) \\ 2\pi & (n = m = 0) \end{cases}$$

（3）　$$\int_0^{2\pi} \sin nx \sin mx \, dx = \begin{cases} 0 & (n \neq m) \\ \pi & (n = m \neq 0) \end{cases}$$

を示せ．これらを関数列 $\{\cos nx\}_{n=0}^{\infty}$, $\{\sin nx\}_{n=1}^{\infty}$ の直交関係と言う．そして，関数列 $\{\cos nx\}_{n=0}^{\infty}$, $\{\sin nx\}_{n=1}^{\infty}$ は直交関数系であると言う．

［解］ (1)については，加法公式

$$\cos nx \sin mx = \frac{1}{2}[\sin(n+m)x + \sin(m-n)x]$$

であるから，$m \neq n$ のときは

$$\int_0^{2\pi} \cos nx \ \sin mx \, dx = \frac{1}{2}\left[-\frac{\cos(n+m)x}{n+m} - \frac{\cos(m-n)x}{m-n}\right]_0^{2\pi} = 0.$$

$m = n$ ならば，$\cos nx \sin nx = (1/2)\sin 2nx$ で，

$$\int_0^{2\pi} \cos nx \ \sin nx \, dx = \left[-\frac{1}{4n}\cos 2nx\right]_0^{2\pi} = 0.$$

(2)については，加法公式

$$\cos nx \cos mx = \frac{1}{2}[\cos(n+m)x + \cos(n-m)x],$$

(3)については，加法公式

$$\sin nx \sin mx = \frac{1}{2}[\cos(n-m)x - \cos(n+m)x]$$

を使って同様に示される． ∎

例題 3.41　4分円の面積 $\int_0^a \sqrt{a^2-x^2}\,dx\ (a>0)$ の値を求めよ．

［解］　例題3.7の公式より

$$\int_0^x \sqrt{a^2-x^2}\,dx = \frac{1}{2}\left(a^2 \arcsin\frac{x}{a} + x\sqrt{a^2-x^2}\right).$$

$x=a$ とおいて $\arcsin 1 = \pi/2$ に注意すれば値 $\pi a^2/4$ を得る．　■

命題 3.42　t の微分可能な関数 $\varphi(t), \psi(t)\ (0 \leqq t \leqq 1)$ はその値域が $[a,b]$ に含まれるとする．$[a,b]$ 上の連続な関数 $f(x)$ に対して

$$g(t) = \int_{\psi(t)}^{\varphi(t)} f(x)dx$$

は t の微分可能な関数であって，

$$g'(t) = \varphi'(t)f(\varphi(t)) - \psi'(t)f(\psi(t)). \tag{3.24}$$

［証明］　(3.21)より

$$g(t) = \int_a^{\varphi(t)} f(x)dx - \int_a^{\psi(t)} f(x)dx$$

と書ける．$F(x) = \int_a^x f(t)dt$ とおくと，$g(t) = F(\varphi(t)) - F(\psi(t))$ と表されるので，t について合成関数の微分公式(2.9)より，

$$\frac{d}{dt}g(t) = F'(\varphi(t))\frac{d\varphi(t)}{dt} - F'(\psi(t))\frac{d\psi(t)}{dt}$$

となる．すなわち，(3.24)が成り立つ．　■

例 3.43

（1）　$\displaystyle\frac{d}{dx}\int_{-x+a}^{x+a} f(t)dt = f(a+x)+f(a-x)$

（2）　$\displaystyle\frac{d}{dx}\int_0^{x^2} f(t)dt = 2xf(x^2)$　□

例題 3.44　$f(x)$ が a の近くで連続のとき，次の値を求めよ．

$$\lim_{t\downarrow 0}\frac{1}{2t}\int_{a-t}^{a+t} f(x)dx$$

［解］　$t>0$ のとき

$$\int_{a-t}^{a+t} f(x)dx = \int_{a}^{a+t} f(x)dx + \int_{a-t}^{a} f(x)dx,$$

$$\lim_{t\downarrow 0} \frac{1}{t}\int_{a}^{a+t} f(x)dx = \lim_{t\downarrow 0} \frac{1}{t}\int_{a-t}^{a} f(x)dx = f(a)$$

であるから両者の平均として，求める値は $f(a)$ である．■

(b)　置換積分と部分積分

不定積分における置換積分，部分積分の公式に対応して，定積分の場合も同様な公式が成り立つ．

定理 3.45（置換積分）　$f(x)$ は $[a,b]$ において連続とする．$\varphi(t)$ は $[\alpha,\beta]$ において狭義単調増加な微分可能な関数であって，$\varphi(\alpha)=a$，$\varphi(\beta)=b$ となっているものとする．このとき等式

$$\int_{a}^{b} f(x)dx = \int_{\alpha}^{\beta} f(\varphi(t))\varphi'(t)dt \tag{3.25}$$

が成り立つ．

［証明］　$x\in[a,b]$ に対して $x=\varphi(t)$ をみたす点 t はただひとつあるが，これを $t=\psi(x)$ とおく．$\displaystyle\int_{a}^{x} f(x)dx=F(x)$ とおくとき $F'(x)=f(x)$ であるが，合成関数の微分の公式(2.9)より，

$$\frac{d}{dt}F(\varphi(t)) = F'(\varphi(t))\varphi'(t) = f(\varphi(t))\varphi'(t).$$

一方，$F(\varphi(\alpha))=F(a)=0$ であるから，

$$F(\varphi(t)) = \int_{\alpha}^{t} f(\varphi(t))\varphi'(t)dt.$$

ゆえに，

$$\int_{a}^{b} f(x)dx = F(b) = \int_{\alpha}^{\beta} f(\varphi(t))\varphi'(t)dt$$

である．■

注意 3.46　$\varphi(t)$ が狭義単調減少で $\varphi(\alpha)=b$，$\varphi(\beta)=a$ $(\alpha<\beta)$ のとき等式

$$\int_a^b f(x)dx = \int_\beta^\alpha f(\varphi(t))\varphi'(t)dt = -\int_\alpha^\beta f(\varphi(t))\varphi'(t)dt$$

が成り立つ.

例 3.47　$f(x)$ が $[0,a]$ で区分的に連続ならば,

$$\int_0^a f(x)dx = \int_0^a f(a-x)dx$$

が成り立つ. 実際, $a-x=t$ とおくと, $t=0,a$ のとき x はそれぞれ $a,0$ である. さらに $\dfrac{dx}{dt}=-1$. □

$f(x)$ が1次関数 $\alpha x+\beta$ (α,β は定数) ならば, $f(x)$ は関係式

$$\frac{1}{2}(f(x_1)+f(x_2)) = f\left(\frac{x_1+x_2}{2}\right) \tag{3.26}$$

をみたす. 逆に(3.26)が1次関数を特徴づけていることがわかる. すなわち,

命題 3.48　連続関数 $f(x)$ ($x\in(-\infty,\infty)$) が, 任意の x_1,x_2 に対して関係式(3.26)をみたせば, $f(x)$ は1次関数 $f(x)=\alpha x+\beta$ である.

［証明］ t を0でない定数とする. (3.26)を x_2 について0から t まで積分すれば,

$$\frac{t}{2}f(x_1)+\frac{1}{2}\int_0^t f(x_2)dx_2 = \int_0^t f\left(\frac{x_1+x_2}{2}\right)dx_2 = 2\int_{x_1/2}^{(x_1+t)/2} f(u)du.$$

ゆえに, 命題3.42より, $f(x_1)$ は x_1 について微分可能なことがわかる. (3.26)を x_2 を固定して x_1 について微分して,

$$\frac{1}{2}f'(x_1) = \frac{1}{2}f'\left(\frac{x_1+x_2}{2}\right).$$

$x_1=0$ とおくと $f'(0)=f'(x_2/2)$. x_2 は任意であるから, $f'(x)$ が定数になる. すなわち, $f'(x)=\alpha$. よって, $f(x)=\alpha x+\beta$ と書ける(例題3.14). ■

$F(x)$, $G(x)$ が共に $[a,b]$ 上で連続的微分可能ならば, ライプニッツの公式(命題2.13(iii))および(3.23)より,

$$\int_a^b F'(x)G(x)dx + \int_a^b F(x)G'(x)dx = \int_a^b (F(x)G(x))'dx$$
$$= F(b)G(b) - F(a)G(a)$$

である．

いま，$F'(x)=f(x)$，$G(x)=g(x)$ とおくならば，$F(x)$ は $f(x)$ の原始関数 $\int f(x)dx$ であって，次の定理が得られる．

定理 3.49（部分積分）　$f(x)$ は $[a,b]$ において連続，$g(x)$ は連続的微分可能とする．このとき等式

$$\int_a^b f(x)g(x)dx = \left[\left(\int f(x)dx\right)g(x)\right]_a^b - \int_a^b \left(\int f(x)dx\right)g'(x)dx \quad (3.27)$$

が成り立つ．　□

部分積分がきわめて有効となる典型的な例を次に述べよう．

例題 3.50　$I_n = \int_0^{\pi/2} \sin^n x\,dx$ $(n=0,1,2,\cdots)$ を求めよ．

［解］　$n \geqq 2$ として，$\sin^n x = \sin^{n-2} x - \cos^2 x \sin^{n-2} x$ であるが，$f(x) = \cos x \sin^{n-2} x$，$g(x) = \cos x$ とおくと (3.27) により，

$$I_n = I_{n-2} - \left\{\frac{1}{n-1}[\sin^{n-1} x \cos x]_0^{\pi/2} + \frac{1}{n-1}\int_0^{\pi/2} \sin^n x\,dx\right\}$$
$$= I_{n-2} - \frac{1}{n-1} I_n.$$

すなわち，漸化式

$$\frac{n}{n-1} I_n = I_{n-2}$$

を得る．$I_0 = \pi/2$，$I_1 = 1$ であるから，n を偶数，奇数に分けて

$$I_{2m} = \frac{1\cdot 3\cdots(2m-1)}{2\cdot 4\cdots(2m)}\frac{\pi}{2}, \quad I_{2m+1} = \frac{2\cdot 4\cdots(2m)}{3\cdot 5\cdots(2m+1)}$$

が得られる．　■

§3.4　広義積分

(a)　広義積分

積分

$$\int_0^1 \frac{dx}{\sqrt{x}}$$

を考える．関数 $y=1/\sqrt{x}$ は $x>0$ で連続であるが，$x=0$ では定義されていない．正数 $\delta>0$ を勝手に選ぶと，積分

$$I_\delta = \int_\delta^1 \frac{dx}{\sqrt{x}} = [2\sqrt{x}]_\delta^1 = 2-2\sqrt{\delta}$$

が得られる．

いま，$\delta\downarrow 0$ とすると I_δ は 2 に近づく．この場合，積分の意味を拡張して極限値 $\lim_{\delta\downarrow 0} I_\delta = 2$ をもって，0 から 1 までの積分の値と定義する．このように拡張された積分を**広義積分**と言う．すなわち，

$$\int_0^1 \frac{dx}{\sqrt{x}} = \lim_{\delta\downarrow 0}\int_\delta^1 \frac{dx}{\sqrt{x}} = 2$$

と考える．

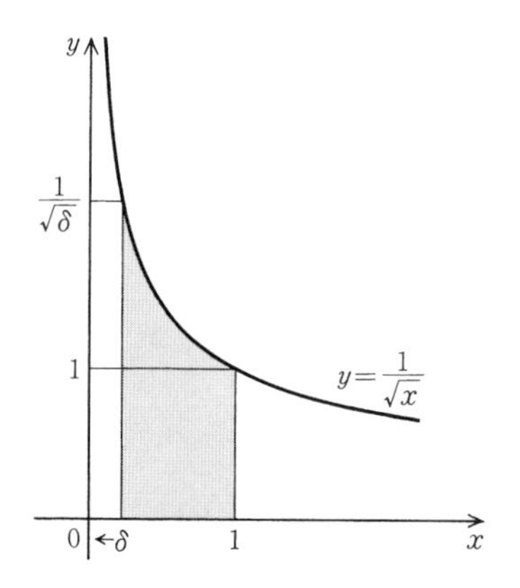

図 3.9　広義積分

同様にして，$f(x)$ は $(a,b]$ で区分的に連続，その原始関数 $F(x)$ が，a における右極限値

$$\lim_{h\downarrow 0} F(a+h) = F(a+0)$$

を持っているとする．このとき，$f(x)$ の a から b までの広義積分を

$$\int_a^b f(x)dx = F(b)-F(a+0)$$

と定義する．同様にして，$f(x)$ が $[a,b)$ で区分的に連続な場合，左極限値 $F(b-0)$ が存在するとき，広義積分を

$$\int_a^b f(x)dx = F(b-0)-F(a)$$

と定義する．$f(x)$ が (a,b) で区分的に連続ならば，$c\in(a,b)$ を1つ固定して，広義積分を

$$\int_a^b f(x)dx = \int_a^c f(x)dx + \int_c^b f(x)dx$$

と定義する．

次に述べる判定法は応用上きわめて有効である．

命題 3.51 $f(x)$ は $(a,b]$ 上で区分的に連続とする．

$$|f(x)| \leqq C(x-a)^{s-1} \quad (s>0,\ C \text{ は正の定数}) \tag{3.28}$$

ならば，$f(x)$ は a から b まで広義積分可能である．

同様に，$f(x)$ は $[a,b)$ 上区分的に連続とする．

$$|f(x)| \leqq C(b-x)^{s-1} \tag{3.29}$$

ならば，$f(x)$ は a から b まで広義積分可能である．

［証明］ 前半のみ示す．$\displaystyle\lim_{h\downarrow 0}\int_{a+h}^b f(x)dx$ が収束することを言えばよい．そのために§1.4(c)で述べたコーシーの判定法((1.35)参照)を使う．

任意の正数 h_1, h_2 $(0<h_1<h_2)$ に対して，

$$\left|\int_{a+h_1}^{a+h_2} f(x)dx\right| \leqq C\int_{a+h_1}^{a+h_2}(x-a)^{s-1}dx = \frac{C}{s}(h_2^s-h_1^s)$$

であるから，$h_1, h_2\to 0$ のとき，これは0に収束する．したがってコーシー

の判定法により $\lim_{h\downarrow 0}\int_{a+h}^{b} f(x)dx$ は収束する．後半も同様に示される． ∎

同じように，$b=\infty$ または $a=-\infty$ のときは

$$\int_a^{\infty} f(x)dx = \lim_{M\to\infty}\int_a^M f(x)dx,$$

$$\int_{-\infty}^{b} f(x)dx = \lim_{M\to\infty}\int_{-M}^{b} f(x)dx$$

と定義される．また，$a=-\infty$，$b=\infty$ のときは適当な c をとって

$$\int_{-\infty}^{\infty} f(x)dx = \int_{-\infty}^{c} f(x)dx + \int_{c}^{\infty} f(x)dx$$

と考える．

命題 3.52　$f(x)$ は $(-\infty, b]$ または $[a, \infty)$ で区分的に連続とする．

$$|f(x)| \leqq C(1+|x|)^{-\lambda} \quad (\lambda>1,\ C \text{ は定数}) \tag{3.30}$$

ならば，$f(x)$ は広義積分可能である． □

証明は命題 3.51 と同様である．

例 3.53　$\lambda<1$ ならば，$c>0$ に対し

$$\int_0^c x^{-\lambda}dx = \lim_{h\downarrow 0}\left[\frac{x^{1-\lambda}}{1-\lambda}\right]_h^c = \frac{c^{1-\lambda}}{1-\lambda}.$$

$\lambda=1$ のときは

$$\lim_{h\downarrow 0}\int_h^c \frac{dx}{x} = \lim_{h\downarrow 0}\log\frac{c}{h} = \infty$$

となって収束しない．したがって広義積分は存在しない．また，$\lambda>1$ のときも $\int_0^c x^{-\lambda}dx$ は存在しない． □

注意 3.54　$1/x^2$ の原始関数は $-1/x$ である．しかし，安易に

$$\int_{-1}^{1}\frac{dx}{x^2} = \left[-\frac{1}{x}\right]_{-1}^{1} = -2$$

とするのは誤りである．左辺は

$$\int_{-1}^{1}\frac{dx}{x^2}=\lim_{h_1\downarrow 0}\int_{-1}^{-h_1}\frac{dx}{x^2}+\lim_{h_2\downarrow 0}\int_{h_2}^{1}\frac{dx}{x^2}$$
$$=\lim_{h_1\downarrow 0}\left(\frac{1}{h_1}-1\right)+\lim_{h_2\downarrow 0}\left(\frac{1}{h_2}-1\right)$$

と考えるべきで，h_1, h_2 をそれぞれ独立に動かすとき，この極限値は存在しない．よって，この広義積分は存在しない．

例 3.55

（1）　$\displaystyle\int_{\alpha}^{\beta}\frac{dx}{\sqrt{(\beta-x)(x-\alpha)}}=\pi\quad(\alpha<\beta)$

（2）　$\displaystyle\int_{0}^{\infty}e^{-x}dx=1$

（3）　$\displaystyle\int_{0}^{\infty}xe^{-x^2}dx=\frac{1}{2},\quad\int_{-\infty}^{\infty}xe^{-x^2}dx=0$

（4）　$\displaystyle\int_{-\infty}^{\infty}\frac{dx}{a^2+x^2}=2\int_{0}^{\infty}\frac{dx}{a^2+x^2}=\frac{\pi}{a}\quad(a>0)$ □

例題 3.56　$\displaystyle\int_{-\infty}^{\infty}\frac{dx}{1+x^4}$ を求めよ．

［解］　例題 3.9 より，

$$\int_{-\infty}^{\infty}\frac{dx}{1+x^4}=\lim_{\substack{M\to\infty\\N\to-\infty}}\left[\frac{1}{4\sqrt{2}}\log\left(\frac{1+x^2+\sqrt{2}x}{1+x^2-\sqrt{2}x}\right)\right.$$
$$\left.+\frac{\sqrt{2}}{4}\arctan(\sqrt{2}x+1)+\frac{\sqrt{2}}{4}\arctan(\sqrt{2}x-1)\right]_N^M$$
$$=\frac{\sqrt{2}}{4}\pi+\frac{\sqrt{2}}{4}\pi=\frac{\sqrt{2}}{2}\pi.$$ ■

置換積分や部分積分の公式は広義積分の場合にも拡張される．次の 2 つの例でそれをみてみよう．

例題 3.57　$\displaystyle\int_{0}^{\pi}\frac{d\theta}{a+b\cos\theta}$ $(a>b>0)$ を求めよ．

［解］　(3.7) より，

$$\int_0^{\pi} \frac{d\theta}{a+b\cos\theta} = 2\int_0^{\infty} \frac{dt}{(a-b)t^2+a+b}$$

$$= \left[\frac{2}{\sqrt{a^2-b^2}} \arctan\sqrt{\frac{a-b}{a+b}}\,t\right]_0^{\infty} = \frac{\pi}{\sqrt{a^2-b^2}}. \quad ▮$$

例題 3.58　$\int_0^{\infty} e^{-px}\cos qx\,dx,\ \int_0^{\infty} e^{-px}\sin qx\,dx\ (p, q>0)$ を求めよ.

［解］ $A=\int_0^{\infty} e^{-px}\cos qx\,dx,\ B=\int_0^{\infty} e^{-px}\sin qx\,dx$ とおく．部分積分によって,

$$A = \left[\frac{1}{q}e^{-px}\sin qx\right]_0^{\infty} + \frac{p}{q}\int_0^{\infty} e^{-px}\sin qx\,dx = \frac{p}{q}B,$$

$$B = \left[-\frac{1}{q}e^{-px}\cos qx\right]_0^{\infty} - \frac{p}{q}\int_0^{\infty} e^{-px}\cos qx\,dx = \frac{1}{q}-\frac{p}{q}A.$$

これら2式より A, B について解くと，$A=\dfrac{p}{p^2+q^2},\ B=\dfrac{q}{p^2+q^2}$ を得る． ▮

問 9　$\int_{-\infty}^{\infty} \frac{dx}{(a^2+x^2)^{3/2}}\ (a>0)$ を求めよ.

(b)　ガンマ関数，ベータ関数

応用上きわめて有効な特殊関数は，しばしば広義積分によって表される．この項では最も基本的なガンマ関数，ベータ関数について解説する．

補題 3.59　$s>0$ のとき

$$\int_0^{\infty} e^{-x}x^{s-1}dx \tag{3.31}$$

は収束する．

［証明］ (1.33)は整数 n を正数 x に拡張しても成り立つ．したがって，適当な定数 C を用いて，$e^{-x} \leqq Cx^{-2s}\ (x>0)$．よって,

$$e^{-x}x^{s-1} \leqq \begin{cases} x^{s-1} & (0<x\leqq 1) \\ Cx^{-s-1} & (1\leqq x) \end{cases}$$

これは命題 3.51，命題 3.52 の条件をみたすので広義積分が収束する． ▮

ガウスの相乗・相加平均の極限と楕円積分

定積分

$$I=\int_0^{\pi/2}\frac{d\theta}{\sqrt{a^2\cos^2\theta+b^2\sin^2\theta}}\quad(a,b>0)$$

は，$x=b\tan\theta$ とおくことにより，$\displaystyle\int_0^\infty\frac{dx}{\sqrt{(a^2+x^2)(b^2+x^2)}}$ に等しくなる．$a_1=\dfrac{a+b}{2}$，$b_1=\sqrt{ab}$ ならば $t=\dfrac{1}{2}\left(x-\dfrac{ab}{x}\right)$ とおくことにより，

$$I=\int_0^\infty\frac{dt}{\sqrt{(a_1^2+t^2)(b_1^2+t^2)}}$$

とも書ける．以下，順次 $a_n=\dfrac{a_{n-1}+b_{n-1}}{2}$，$b_n=\sqrt{a_{n-1}b_{n-1}}$ とおけば，

$$I=\int_0^\infty\frac{dt}{\sqrt{(a_n^2+t^2)(b_n^2+t^2)}}\quad(n\geqq 1)$$

と書ける．$\lim\limits_{n\to\infty}a_n=\lim\limits_{n\to\infty}b_n=\mu$（演習問題 1.5 より）であるから，$I=\dfrac{\pi}{2\mu}$ が得られる．すなわち，$\mu=\dfrac{\pi}{2I}$．これをガウス(Gauss)の公式と言う．

積分 I は第1種楕円積分と呼ばれ，一般には初等関数を用いては求められない．にもかかわらず多くの興味ある公式が知られている．楕円積分をより一般化したアーベル(Abel)積分は，現代の数学において大きな興味の対象になっている．なお，上記公式の置換積分を使った簡明な導出の仕方は，シェーンベルグ(I. J. Schoenberg)の『数学点描』(三村護訳，近代科学社，1989)の中に見出される．

(3.31)で定義される関数を**ガンマ**(gamma)**関数**と言い，$\Gamma(s)$ と書く．定義より $\Gamma(s)>0$ である．

命題 3.60 ガンマ関数 $\Gamma(s)$ は関数等式

$$\Gamma(s+1)=s\Gamma(s)\tag{3.32}$$

をみたす．

［証明］ 部分積分により，

$$\Gamma(s)=\int_0^\infty e^{-x}x^{s-1}dx=\left[\frac{x^s}{s}e^{-x}\right]_0^\infty+\frac{1}{s}\int_0^\infty x^se^{-x}dx$$

$$= \frac{1}{s}\Gamma(s+1).$$

▮

(3.32)を n 回繰り返すと，任意の自然数 n に対して

$$\Gamma(s+n) = s(s+1)\cdots(s+n-1)\Gamma(s)$$

が成り立つ．特に $\Gamma(1)=1$ であるから，$\Gamma(n+1)=n!$ を得る．つまりガンマ関数は $n!$ を $s>0$ に拡張した関数になっている．

問 10　$\Gamma(s)$ $(s>0)$ は $1\leqq s\leqq 2$ において最小値を持つことを示せ．

問 11　m は 0 または正整数とする．次の等式を示せ．

$$\int_{-\infty}^{\infty} x^m e^{-x^2} dx = \begin{cases} 0 & (m \text{ は奇数}) \\ \Gamma\left(\dfrac{m+1}{2}\right) & (m \text{ は偶数}) \end{cases}$$

問 12　次の等式を示せ．

$$\Gamma\left(\frac{1}{2}\right) = \int_{-\infty}^{\infty} e^{-x^2} dx$$

『微分と積分 2』の §5.4 で示されるようにこの値は $\sqrt{\pi}$ に等しい．例題 4.34 もみよ．

問 13　公式 $\Gamma(1/2)=\sqrt{\pi}$ を使って次の等式を示せ．

(1) $\displaystyle\int_{-\infty}^{\infty} e^{-\alpha x^2} dx = \sqrt{\frac{\pi}{\alpha}}$　$(\alpha>0)$　　(2) $\displaystyle\int_{-\infty}^{\infty} e^{-x^2+\lambda x} dx = \sqrt{\pi}\, e^{-\lambda^2/4}$

$\alpha, \beta>0$ に対して

$$B(\alpha,\beta) = \int_0^1 x^{\alpha-1}(1-x)^{\beta-1} dx \tag{3.33}$$

は収束する．これを 2 変数 α, β の**ベータ(beta)関数**と言う．

問 14　$B(\alpha,\beta)=B(\beta,\alpha)$ を示せ．

命題 3.61　関数等式

$$B(\alpha+1,\beta)=\frac{\alpha}{\alpha+\beta}B(\alpha,\beta),$$
$$B(\alpha,\beta+1)=\frac{\beta}{\alpha+\beta}B(\alpha,\beta) \tag{3.34}$$

が成り立つ.

［証明］　部分積分法により，

$$B(\alpha,\beta+1)=\int_0^1 x^{\alpha-1}(1-x)^\beta dx=\left[\frac{x^\alpha}{\alpha}(1-x)^\beta\right]_0^1+\frac{\beta}{\alpha}\int_0^1 x^\alpha(1-x)^{\beta-1}dx$$
$$=\frac{\beta}{\alpha}\int_0^1 x^\alpha(1-x)^{\beta-1}dx=\frac{\beta}{\alpha}B(\alpha+1,\beta). \tag{3.35}$$

一方，

$$B(\alpha,\beta+1)=\int_0^1 x^{\alpha-1}(1-x)^\beta dx=\int_0^1(1-x)x^{\alpha-1}(1-x)^{\beta-1}dx$$
$$=\int_0^1 x^{\alpha-1}(1-x)^{\beta-1}dx-\int_0^1 x^\alpha(1-x)^{\beta-1}dx$$
$$=B(\alpha,\beta)-B(\alpha+1,\beta).$$

ゆえに，

$$\frac{\beta}{\alpha}B(\alpha+1,\beta)=B(\alpha,\beta)-B(\alpha+1,\beta).$$

これより，(3.34)の前半を得る．後半は(3.35)よりただちに得られる．　∎

問15　α,β が正整数のときは，$\alpha=m$, $\beta=n$ として

$$B(m,n)=\frac{(m-1)!\,(n-1)!}{(m+n-1)!}=\frac{\Gamma(m)\Gamma(n)}{\Gamma(m+n)}$$

となることを示せ.

問16　$B(m+1/2,n+1/2)$ $(m,n=0,1,2,\cdots)$ を求めよ.

問17　$\displaystyle\int_0^1 x^\alpha(1-x^2)^\beta dx=\frac{1}{2}B\left(\frac{\alpha+1}{2},\beta+1\right)$ を示せ.

§3.5　積分における平均値の定理とテイラーの公式

第2章で導関数に関する平均値の定理について述べたが，ここでは積分に対応した平均値の定理について述べる．

(a)　平均値の定理

定理 3.62（第1平均値の定理）　$f(x)$, $\phi(x)$ は $[a,b]$ において連続で (a,b) で $\phi(x)>0$ とする．このとき，$c\in(a,b)$ があって，

$$\int_a^b f(x)\phi(x)dx = f(c)\int_a^b \phi(x)dx \tag{3.36}$$

をみたす．特に $\phi(x)=1$ のときは

$$\int_a^b f(x)dx = f(c)(b-a).$$

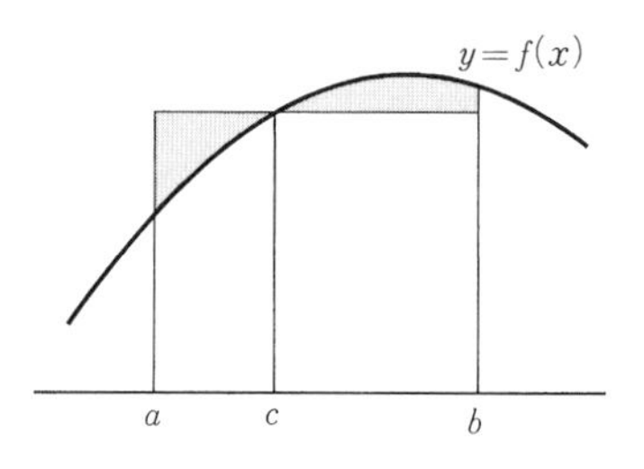

図 3.10　積分の平均値

［証明］　$f(x)$ の最大値，最小値をそれぞれ M, L とする．すると，$L\leqq f(x)\leqq M$．$\phi(x)$ を掛けて積分すれば，

$$L\int_a^b \phi(x)dx \leqq \int_a^b f(x)\phi(x)dx \leqq M\int_a^b \phi(x)dx.$$

$\int_a^b \phi(x)dx>0$ であるから

$$L \leqq \frac{\int_a^b f(x)\phi(x)dx}{\int_a^b \phi(x)dx} \leqq M.$$

ここで，どちらかの等式が成り立てば，$f(x)$ は定数に等しくなる（例題 3.31

参照)．このとき(3.36)が任意の $c\in(a,b)$ に対して成立する．一方，上式でいずれの等号も成り立たない場合は，$f(x)$ に関する中間値の定理から

$$f(c)=\frac{\displaystyle\int_a^b f(x)\phi(x)dx}{\displaystyle\int_a^b \phi(x)dx}$$

をみたす $c\in(a,b)$ がある． ∎

定理 3.63 (第2平均値の定理)　$[a,b]$ において $f(x)$ は連続，$g(x)$ は連続的微分可能かつ単調増大($g'(x)\geqq 0$)とする．このとき

$$\int_a^b f(x)g(x)dx=g(a)\int_a^c f(x)dx+g(b)\int_c^b f(x)dx \qquad (3.37)$$

をみたす $c\in(a,b)$ が存在する．$g(x)$ が単調減少であっても同様である．

［証明］　等式

$$\int_a^b f(x)dx=\int_a^c f(x)dx+\int_c^b f(x)dx$$

を $g(a)$ 倍して(3.37)から辺々差し引けば

$$\int_a^b f(x)(g(x)-g(a))dx=(g(b)-g(a))\int_c^b f(x)dx$$

となる．逆も言える．したがって，はじめから $g(a)=0$ と仮定して(3.37)を示せばよい．

$\displaystyle\int_x^b f(t)dt=F(x)$ とおくとき，$F'(x)=-f(x)$ かつ $F(b)=0$．部分積分により

$$\begin{aligned}\int_a^b f(x)g(x)dx &= -[F(x)g(x)]_a^b+\int_a^b F(x)g'(x)dx\\ &=\int_a^b F(x)g'(x)\,dx.\end{aligned}$$

第1平均値の定理より

$$\int_a^b F(x)g'(x)dx=F(c)\int_a^b g'(x)dx$$

をみたす $c\in(a,b)$ がある．この右辺は $g(b)F(c)$ に等しいので(3.37)が得ら

れた. ∎

注意 3.64　$f(x)$ が $[a,b]$ において定符号ならば，このような c は一意的である．なぜならば $F(x)$ は狭義単調関数になるからである．

例 3.65　$\alpha>0$ のとき

$$\int_a^b \frac{\sin x}{x^\alpha}dx = -a^{-\alpha}(\cos c-\cos a)-b^{-\alpha}(\cos b-\cos c) \quad (b>a>0)$$

をみたす $c\in(a,b)$ が存在する．よって，

$$\left|\int_a^b \frac{\sin x}{x^\alpha}dx\right| \leqq 4a^{-\alpha}.$$

この不等式より，コーシーの判定法を用いれば，任意の $a>0$ に対して

$$\int_a^\infty \frac{\sin x}{x^\alpha}dx \quad (\alpha>0)$$

が広義積分可能なことがわかる．特に $\alpha=1$ のとき，等式

$$\int_0^\infty \frac{\sin x}{x}dx = \frac{\pi}{2}$$

が成り立つ(『微分と積分 2』の§1.4 を参照). □

問 18　$\displaystyle\int_{-\infty}^\infty \sin x^2 dx, \int_{-\infty}^\infty \cos x^2 dx$ は広義積分可能であることを示せ．これを幾何光学におけるフレネル(Fresnel)の積分と言う．これらは $\sqrt{\pi/2}$ に等しいことが知られている．

(b)　テイラーの公式

§2.6 で述べたテイラーの公式の剰余項を積分で表示することもできる．

$f(x)$ を $[a,b]$ において n 回微分可能，$f^{(n)}(x)$ は連続とする．積分

$$J_n = \int_a^b (b-x)^{n-1}f^{(n)}(x)dx \quad (n=1,2,3,\cdots)$$

を考える．$J_1=f(b)-f(a)$ である．J_n に部分積分を繰り返し行なうと

$$\begin{aligned} J_n &= [f^{(n-1)}(x)(b-x)^{n-1}]_a^b + (n-1)\int_a^b f^{(n-1)}(x)(b-x)^{n-2}dx \\ &= -f^{(n-1)}(a)(b-a)^{n-1} + (n-1)J_{n-1} \\ &= -\sum_{r=1}^{n-1} \frac{(n-1)!}{r!}(b-a)^r f^{(r)}(a) + (n-1)!\,(f(b)-f(a)). \end{aligned}$$

したがって次の定理を得る.

定理 3.66（テイラーの公式の積分形）　$f(x)$ が $[a,b]$ 上で連続的 n 回微分可能ならば,

$$f(b)-f(a) = \sum_{r=1}^{n-1} \frac{1}{r!} f^{(r)}(a)(b-a)^r + \frac{1}{(n-1)!}\int_a^b (b-x)^{n-1} f^{(n)}(x)dx \tag{3.38}$$

を得る. □

問 19　$f(x)=1/x$ $(0<a<b)$ のときに(3.38)を確かめよ.

(3.38)において剰余項 R_n は

$$R_n = \frac{1}{(n-1)!}\int_a^b (b-x)^{n-1} f^{(n)}(x)dx$$

と積分表示されているが, (3.38)から(2.39)を導くこともできる. 実際, $(b-x)^{n-1} \geqq 0$ に注意して第1平均値の定理(定理 3.62)より, ある $c \in (a,b)$ があって

$$\int_a^b (b-x)^{n-1} f^{(n)}(x)dx = f^{(n)}(c)\int_a^b (b-x)^{n-1}dx = \frac{1}{n} f^{(n)}(c)(b-a)^n.$$

これより, テイラーの定理(定理 2.82)

$$f(b)-f(a) = \sum_{r=1}^{n-1} \frac{1}{r!} f^{(r)}(a)(b-a)^r + \frac{1}{n!} f^{(n)}(c)(b-a)^n$$

が再び得られた.

§3.6 パラメータを含む関数の積分

被積分関数 $f(x)$ がパラメータ α に依存する場合，$f(x)$ の定積分は α の関数として表示される．この節では，こうして得られる α の関数について考える．

(a) 積分と微分の交換

積分公式

(1) $\displaystyle\int_{-1}^{1}(x-\alpha)^2dx=\frac{1}{3}\{(1-\alpha)^3+(1+\alpha)^3\}$

(2) $\displaystyle\int_{0}^{1}\alpha^x dx=\frac{\alpha-1}{\log\alpha}\quad(\alpha>0)$

(3) $\displaystyle\int_{-\infty}^{\infty}\frac{dx}{x^2+\alpha^2}=\frac{\pi}{\alpha}\quad(\alpha>0)$

などの例において，被積分関数 $f(x)=f(x,\alpha)$ は x についてのみならず，α の関数としても微分可能である．得られた積分もまた α について微分可能であって，実は

$$\frac{d}{d\alpha}\int_a^b f(x,\alpha)dx=\int_a^b\frac{\partial}{\partial\alpha}f(x,\alpha)dx \tag{3.39}$$

が成り立っている．実際，(1)において

$$\frac{\partial}{\partial\alpha}(x-\alpha)^2=-2(x-\alpha)$$

だから，

$$\int_{-1}^{1}\frac{\partial}{\partial\alpha}(x-\alpha)^2dx=-[(x-\alpha)^2]_{-1}^{1}=-(1-\alpha)^2+(1+\alpha)^2.$$

一方，

$$\frac{d}{d\alpha}\frac{1}{3}\{(1-\alpha)^3+(1+\alpha)^3\}=-(1-\alpha)^2+(1+\alpha)^2$$

となって，等式(3.39)が成立する．

問20　(2)，(3)についても確かめよ．

この事実は，もっと一般的な条件で成り立つことがわかる．以下それを示したい．それには2種の積分の順序を交換できることを保証する次の定理を利用する．

定理 3.67（積分の順序交換）　$f(x,t)$ は $[a,b]\times[a',b']$ 上定義されており，(x,t) の2変数関数として連続とする．このとき，

$$\int_a^b dx \int_\beta^\alpha f(x,t)dt = \int_\beta^\alpha dt \int_a^b f(x,t)dx \qquad (3.40)$$

が成り立つ．ただし，$[\beta,\alpha]\subset[a',b']$．　□

証明には2重積分の知識を必要とするので，ここでは行なわない．『微分と積分2』の§1.4を見よ．

定理 3.68（積分と微分の交換）　$\dfrac{\partial f(x,t)}{\partial t}$ が (x,t) に関して $[a,b]\times[a',b']$ で連続ならば(3.39)が成り立つ．

［証明］　実際，$\displaystyle\int_\beta^\alpha \frac{\partial f(x,t)}{\partial t}dt = f(x,\alpha)-f(x,\beta)$ だから，(3.40)より

$$\int_a^b (f(x,\alpha)-f(x,\beta))dx = \int_\beta^\alpha dt \int_a^b \frac{\partial f(x,t)}{\partial t}dx.$$

両辺を α で微分して(3.39)を得る．　■

例 3.69　$f(t)$ が連続なとき

$$g(x) = \int_a^x \frac{(x-t)^{n-1}}{(n-1)!}f(t)dt$$

とおくと，$g(x)$ は n 回微分可能であって，$g^{(n)}(x)=f(x)$．

実際，(3.39)より

$$g'(x) = \int_a^x \frac{(x-t)^{n-2}}{(n-2)!}f(t)dt.$$

以下これを繰り返せばよい．　□

(b)　広義積分の場合

$f(x)$ が $(a,b)\times[a',b']$ で連続だが，必ずしも $x=a$ または b では定義されていない場合，あるいは x の区間が $[a,\infty),(-\infty,b]$ あるいは $(-\infty,\infty)$ の場合

には，広義積分

$$F(\alpha)=\int_a^b f(x,\alpha)dx$$

が定義される．この場合にも $f(x,\alpha)$ についての適当な条件が満たされれば前項(a)で述べた事実が成り立つ．証明は『微分と積分2』を参照のこと．

命題 3.70　$\dfrac{\partial f}{\partial\alpha}(x,\alpha)$ が $[a,b]\times[a',b']$ で連続，$f(x,\alpha)$ は $[a,b)$ 上広義積分可能とする．

$$\left|\frac{\partial f}{\partial\alpha}(x,\alpha)\right|\leqq g(x),\quad \int_a^b g(x)dx<\infty \tag{3.41}$$

をみたす非負値関数 $g(x)$ があれば，(3.39)が成り立つ．$[a,b)$ の代わりに，$(a,b]$, (a,b), $[a,\infty)$, $(-\infty,b]$, $(-\infty,\infty)$ などでも同様の事実が成り立つ．□

例 3.71

$$\int_0^\infty e^{-tx}dx=\frac{1}{t}\quad (t>0).$$

$$\left[\left(\frac{d}{dt}\right)^n\int_0^\infty e^{-tx}dx\right]_{t=1}=(-1)^n\int_0^\infty x^ne^{-x}dx.$$

一方，

$$\left(\frac{d}{dt}\right)^n\left(\frac{1}{t}\right)=(-1)^nt^{-n-1}n!.$$

ゆえに

$$\int_0^\infty x^ne^{-x}dx=n!.$$

□

問 21　$\displaystyle\int_{-\infty}^\infty\frac{dx}{(x^2+a^2)^{3/2}}$ (問9参照)を a^2 について微分し，$\displaystyle\int_{-\infty}^\infty\frac{dx}{(x^2+a^2)^{n+1/2}}$ $(n=1,2,3,\cdots)$ を求めよ．また，$\displaystyle\int_{-\infty}^\infty\frac{dx}{(x^2+a^2)^n}$ $(n=1,2,3,\cdots)$ はいくらか？

《まとめ》

3.1 不定積分は微分の逆演算である.

3.2 定積分は面積の概念を一般化した方法で定義される.

3.3 不定積分は，区間上の定積分の値を，端点の関数とみることによって得られる. 定積分は，不定積分に端点の特別な値を代入して求められる.

3.4 置換積分と部分積分は最も基本的な積分の手法である.

3.5 ガンマ関数やベータ関数は広義積分を用いて定義される.

3.6 積分形のテイラーの公式から通常のテイラーの公式が導かれる.

演習問題

3.1 微分方程式

$$\frac{dy}{dx} = ky(1-y) \quad (k \text{ は定数})$$

を解け. $k>0$ のときこの解曲線のグラフを描け.

3.2 $I_n = \int_0^{\pi/2} \sin^n x\,dx$ とおくとき $\lim_{n\to\infty} \frac{I_n}{I_{n+1}} = 1$ を示せ.

3.3 $\lim_{\alpha\to\infty} \sqrt{\alpha} \int_{-A}^{A} e^{-\alpha x^2} dx \quad (A>0)$ を求めよ. また，$\lim_{\alpha\to\infty} \sqrt{\alpha} \int_{A}^{B} e^{-\alpha x^2} dx$ $(0<A<B)$ を求めよ.

3.4 $f(x)$ が $[-a,a]$ $(a>0)$ で連続的微分可能のとき，

$$\lim_{t\downarrow 0} \left\{ \int_{-a}^{-t} f(x)\frac{dx}{x} + \int_t^a f(x)\frac{dx}{x} \right\} = \int_{-a}^{a} \frac{f(x)-f(0)}{x} dx$$

となることを示せ. この値を積分の主値と言う.

3.5 $\int_0^{\pi/2} \log\sin x\,dx = -\frac{\pi}{2}\log 2$ を示せ.

3.6 $\int_0^{\infty} \frac{e^{-at}-e^{-bt}}{t} dt = \log\frac{b}{a}$ $(0<a<b)$ を示せ.

無限級数

級数の収束・発散，また，無限積について考察する．級数表示の応用として，テイラーの公式を用いて関数の，特に初等関数のテイラー展開を与える．最後に，アーベルの総和法の例を示す．

§4.1　無限級数

無限級数は有限和で定義される数列の極限である．数や関数は無限級数の和によって表示することによって，より豊かな内容を表す．正項級数・交項級数などの性質と収束条件，無限級数の絶対収束条件について述べる．最後に無限級数を用いて無限積を定義し，ガンマ関数についてのオイラーの無限積公式を与える．

(a)　無限級数

第1章において，数列の極限としての無限級数

(1)　$1+1+1+\cdots$

(2)　$1-1+1-\cdots$

(3)　$1+x+x^2+\cdots$

(4)　$1+\dfrac{1}{2}+\dfrac{1}{3}+\cdots$

（5）　$1-\dfrac{1}{2}+\dfrac{1}{3}-\cdots$

（6）　$1+x+\dfrac{x^2}{2!}+\dfrac{x^3}{3!}+\cdots$

などが登場した．この項では，無限級数の収束や性質などをより系統的に解説する．

数列 $\{u_n\}_{n=1}^{\infty}$ の N 項までの和 $U_N=\sum_{n=1}^{N} u_n$ の $N\to\infty$ の極限値 U を $\sum_{n=1}^{\infty} u_n$ あるいは $u_1+u_2+u_3+\cdots$ などと書いて，**無限級数**と言う．

$$U=\sum_{n=1}^{\infty} u_n.$$

$\sum_{n=1}^{\infty} u_n$ は $\{U_N\}$ が収束するときのみ意味を持つが，そうでない場合も，例えば $\sum_{n=1}^{\infty}(-1)^n$ のように混乱が起こらない限り，しばしば級数を表す記号としても用いる．数列 $\{u_n\}$ が $n=0$ から始まる場合には，対応する級数を $\sum_{n=0}^{\infty} u_n$ と表す．また，$\{u_n\}$ において n がすべての整数 $n=0, \pm1, \pm2, \cdots$ にわたる場合には $\sum_{n=0}^{\infty} u_n$, $\sum_{n=1}^{\infty} u_{-n}$ が共に収束するものとし，

$$\sum_{n=-\infty}^{\infty} u_n=\sum_{n=0}^{\infty} u_n+\sum_{n=1}^{\infty} u_{-n}$$

の意味に理解する．

問1　上記の級数(1)–(6)の中で収束するものはどれか．

問2　$\sum_{n=-\infty}^{\infty} x^n$ はどんな x についても収束しないことを示せ．ただし $x\neq0$ とする．

次の命題は極限値の定義から明らかである．

命題 4.1　$U=\sum_{n=1}^{\infty} u_n$ が収束するならば，$\lim_{n\to\infty} u_n=0$.

［証明］　実際，$u_n=U_n-U_{n-1}$ $(n\geqq2)$ であって，$n\to\infty$ のとき $\lim_{n\to\infty} U_n=\lim_{n\to\infty} U_{n-1}=U$ であるから．∎

命題 4.2　$U=\sum_{n=1}^{\infty} u_n$, $V=\sum_{n=1}^{\infty} v_n$ が収束するならば，$\sum_{n=1}^{\infty}(u_n+v_n)$, $\sum_{n=1}^{\infty} cu_n$ $(c\in\mathbb{R})$ は共に収束し，等式

$$\sum_{n=1}^{\infty}(u_n+v_n)=\sum_{n=1}^{\infty}u_n+\sum_{n=1}^{\infty}v_n,$$
$$\sum_{n=1}^{\infty}cu_n=c\sum_{n=1}^{\infty}u_n \tag{4.1}$$

が成り立つ. □

例 4.3 $U=\sum_{n=1}^{\infty}x^{n-1}$ とする. $|x|<1$ のとき,

$$\sum_{n=1}^{\infty}x^{n-1}-x\sum_{n=1}^{\infty}x^{n-1}=\sum_{n=1}^{\infty}x^{n-1}-\sum_{n=1}^{\infty}x^{n}=1.$$

すなわち, $(1-x)U=1$. ゆえに,

$$U=\frac{1}{1-x}. \tag{4.2}$$

□

しかし, $|x|<1$ でないときには, このような形式的な計算は誤った答えを導く. 例えば, $x=-1$ として, (4.2)より

$$\frac{1}{2}=1-1+1-\cdots$$

が得られそうであるが, これは間違いである. 右辺は収束しないので数としての意味を持たない.

問 3 u_n を m (m はある固定した自然数)だけずらして $v_n=u_{m+n}$ とおくとき, $\sum_{n=1}^{\infty}u_n$ が収束するならば $\sum_{n=1}^{\infty}v_n$ も収束し, 逆も成り立つ. これを示せ.

命題 1.23 より収束列は有界列であるから, ただちに

命題 4.4 $\sum_{n=1}^{\infty}u_n$ が収束するならば, 数列 $|u_1+u_2+\cdots+u_N|$ $(N\geqq 1)$ は有界である. □

しかし, 逆は成り立たない. 例えば $\sum_{n=1}^{\infty}(-1)^{n-1}$ において, $\sum_{n=1}^{N}(-1)^{n-1}$ の値は N が偶数か奇数かによって 0 または 1 である. したがって有界である. しかし, この級数は収束しない.

例 4.5　α が 0 でない有理数のとき

$$U = \sum_{n=1}^{\infty} \sin(n\alpha+\beta) \quad (0 < \alpha < \pi) \tag{4.3}$$

は，$\left|\sum_{n=1}^{N} \sin(n\alpha+\beta)\right|$ が有界だが U は収束しない．実際，加法公式により，

$$\begin{aligned}
&\sum_{n=1}^{N} \sin\frac{\alpha}{2} \sin(n\alpha+\beta) \\
&= \sum_{n=1}^{N} \frac{1}{2}\left\{\cos\left(\left(n-\frac{1}{2}\right)\alpha+\beta\right) - \cos\left(\left(n+\frac{1}{2}\right)\alpha+\beta\right)\right\} \\
&= \frac{1}{2}\left\{\cos\left(\frac{1}{2}\alpha+\beta\right) - \cos\left(\left(N+\frac{1}{2}\right)\alpha+\beta\right)\right\} \\
&= \sin\left(\frac{N+1}{2}\alpha+\beta\right)\sin\frac{N}{2}\alpha.
\end{aligned}$$

ゆえに，

$$U_N = \frac{\sin\left(\frac{N+1}{2}\alpha+\beta\right)\sin\frac{N}{2}\alpha}{\sin(\alpha/2)}.$$

したがって，$|U_N| \leqq \dfrac{1}{\sin(\alpha/2)}$ となって，U_N は有界．α/π が有理数，すなわち $\alpha/\pi = q/p$ (p, q は整数，$p>0$) と書けるとき，n が p の倍数 mp ならば，$\sin(n\alpha+\beta) = (-1)^{qm}\sin\beta$ であって，これは $n\to\infty$ のときに 0 に収束しない．　□

§1.3(c)のコーシーの判定法(命題 1.32 および定理 1.33)を数列 $\{U_N\}$ に適用すれば，級数 $U = \sum_{n=1}^{\infty} u_n$ の収束についての次の判定条件が得られる．

定理 4.6 (コーシーの判定条件)　任意の自然数列 $\{p_n\}$ に対して，

$$\lim_{N\to\infty} |u_{N+1} + \cdots + u_{N+p_N}| = 0$$

が満たされるならば，$U = \sum_{n=1}^{\infty} u_n$ は収束する．また，逆も成り立つ．　□

一様分布

例 4.5 において，α/π が有理数でないときも実は U が振動することが知られている．それを示すには $a=\alpha/\pi$ を有理数で近似する次のクロネッカー(Kronecker)の定理を用いる．

クロネッカーの定理　実数 a, b が与えられているものとする．もしも a が有理数でないならば，任意の小さな正数 ε に対して不等式

$$|pa+q-b| < \varepsilon$$

をみたす正整数 p および整数 q を見つけることができる．　□

特に $0 \leqq b < 1$ なる b に対して，p を適当にとって，整数差を除いて pa を b にいくらでも近づけられる．

すなわち，na から na の整数部分 $[na]$ $(n=1,2,3,\cdots)$ を引いた小数部分 $na-[na]$ を順々に $[0,1)$ 上に図示していくと，それらは互いに相異なり，ついには $[0,1)$ 内で稠密に分布するようになる．このような分布はワイル(Weyl)の一様分布と呼ばれていて，a が無理数であることの特徴をよく表している．

(b)　正項級数

定義 4.7　級数 $U=\sum_{n=1}^{\infty} u_n$ は，$u_n \geqq 0$ のとき**正項級数**という．　□

U は収束するならば，つねに非負である．

命題 4.8　正項級数 $U=\sum_{n=1}^{\infty} u_n$ は収束するか，さもなければ ∞ に発散する．そして収束する場合，U は $\sup_{1 \leqq N} U_N$ に等しい．

［証明］　$\{U_N\}$ は単調増加列だから，$\lim_{N\to\infty} U_N$ は収束するか ∞ に発散する．そして，$\lim_{N\to\infty} U_N = \sup_{1 \leqq N} U_N$ である(命題 1.24)．　■

例 4.9　$e^x = \sum_{n=0}^{\infty} \dfrac{x^n}{n!}$ は $x \geqq 0$ のとき収束する正項級数である．　□

命題 4.10　2つの正項級数 $U=\sum_{n=1}^{\infty} u_n,\ V=\sum_{n=1}^{\infty} v_n$ があるとする.

（i）　$0 \leqq v_n \leqq k u_n$ $(k \geqq 0)$ の関係があるとき，U が収束すれば，V も収束する．そして $V \leqq kU$.

（ii）　U, V が共に収束するならば，$\sum_{n=1}^{\infty} u_n v_n$ も収束する.

（iii）　たたみ込み(convolution)

$$W=\sum_{n=1}^{\infty} w_n,\quad w_n=\sum_{m=1}^{n} u_m v_{n+1-m}$$

も収束し，$W=UV$.

［証明］　(i) $V_N=\sum_{n=1}^{N} v_n$ とおくと，$0 \leqq V_N \leqq kU_N \leqq kU$．よって V_N は上に有界である．したがって，$V=\lim_{N\to\infty} V_N \leqq kU$.

(ii) $u_n \leqq U$ であるから $u_n v_n \leqq U v_n$．ゆえに(i)より $\sum_{n=1}^{\infty} u_n v_n \leqq UV$.

(iii) $\sum_{n=1}^{\infty} w_n$ は正項級数である．$W_N=\sum_{n=1}^{N} w_n$ とおく．すると

$$W_N=\sum_{n=1}^{N}\sum_{m=1}^{n} u_m v_{n+1-m} \leqq \left(\sum_{n=1}^{N} u_n\right)\cdot\left(\sum_{n=1}^{N} v_n\right)$$

であるから，$W_N \leqq UV$．したがって命題 4.8 より W は収束し，$W \leqq U\cdot V$.
一方

$$W \geqq W_{N+M} \geqq \left(\sum_{n=1}^{N} u_n\right)\cdot\left(\sum_{n=1}^{M} v_n\right).$$

$N\to\infty$ として，$W \geqq U\cdot\sum_{n=1}^{M} v_n$．$M\to\infty$ として，$W \geqq U\cdot V$．これらの2個の不等式を合わせて(iii)を得る.　■

例 4.11　正項級数 $U=\sum_{n=1}^{\infty} u_n$ が収束すれば，$\sum_{n=1}^{\infty} u_n^2,\ \sum_{n=1}^{\infty} u_n^3, \cdots$ は収束する．実際，ある番号 N 以上の n に対して $|u_n| \leqq 1$ となるから $u_n^2 \leqq u_n,\ u_n^3 \leqq u_n, \cdots$ である.　□

例 4.12　$1/(1-x)=\sum_{n=0}^{\infty} x^n$ $(0 \leqq x<1)$, $1/(1-y)=\sum_{n=0}^{\infty} y^n$ $(0 \leqq y<1)$ に対し，たたみ込み $W=\sum_{n=0}^{\infty} w_n$，$w_n=\sum_{m=0}^{n} x^m y^{n-m}$ は収束して，$W=\dfrac{1}{1-x}\dfrac{1}{1-y}$ である.　□

問4　次の級数が収束することを示せ.

(1) $\displaystyle\sum_{n=1}^{\infty}\frac{1}{1+n^2}$　　(2) $\displaystyle\sum_{n=0}^{\infty}\tan\frac{x}{2^n}$　$(-\pi/2<x<\pi/2)$

次の判定法は広く利用される判定法で，係数比判定法と呼ばれる.

命題 4.13（係数比判定法）　$u_n>0\ (n\geqq 1)$ とする．このとき，ある番号 N に対して

(i)　$\dfrac{u_{n+1}}{u_n}\leqq\lambda<1\ (n\geqq N)$ ならば U は収束する.

(ii)　$\dfrac{u_{n+1}}{u_n}\geqq 1\ (n\geqq N)$ ならば U は ∞ に発散する.

［証明］　(i) $u_{n+N}\leqq\lambda^n u_N$ であるから，命題 4.10(i)により正項級数 U は収束する.

(ii) $u_{n+N}\geqq u_N$ であって $\displaystyle\lim_{n\to\infty}u_{n+N}$ は 0 に収束しないので，∞ に発散する. ∎

問5　次の級数の収束，発散を調べよ.

(1) $\displaystyle\sum_{n=0}^{\infty}n!x^n$　$(x\geqq 0)$　　(2) $\displaystyle\sum_{n=0}^{\infty}\frac{(1-x)^n}{(1-x)(1-x^2)\cdots(1-x^n)}$　$(1>x\geqq 0)$

(3) $\displaystyle\sum_{n=0}^{\infty}\frac{(n!)^2}{(2n)!}$　　(4) $\displaystyle\sum_{n=1}^{\infty}\frac{2^n+1}{2^n-1}$

例題 4.14　$\displaystyle\sum_{n=1}^{\infty}\frac{1}{n^s}$ $(s>0)$ の収束，発散を調べよ.

［解］　$u_n=\dfrac{1}{n^s}$ とおくとき，$\displaystyle\lim_{n\to\infty}\frac{u_{n+1}}{u_n}=1$ なので上記判定法は適用できない．$s\neq 1$ のとき，

$$\int_n^{n+1}\frac{dx}{x^s}=\frac{1}{s-1}\left(\frac{1}{n^{s-1}}-\frac{1}{(n+1)^{s-1}}\right)$$

となることを利用する．$s>1$ ならば，

$$\frac{1}{(n+1)^s}\leqq\int_n^{n+1}\frac{dx}{x^s}$$

に注意して，

$$\frac{1}{2^s}+\cdots+\frac{1}{N^s} \leqq \int_1^N \frac{dx}{x^s} = \frac{1}{s-1}\left(1-\frac{1}{N^{s-1}}\right).$$

したがって，

$$\sum_{n=1}^{N} \frac{1}{n^s} \leqq 1+\frac{1}{s-1}\left(1-\frac{1}{N^{s-1}}\right) \leqq \frac{s}{s-1}.$$

ゆえに，

$$\sum_{n=1}^{N} \frac{1}{n^s} \leqq \frac{s}{s-1}.$$

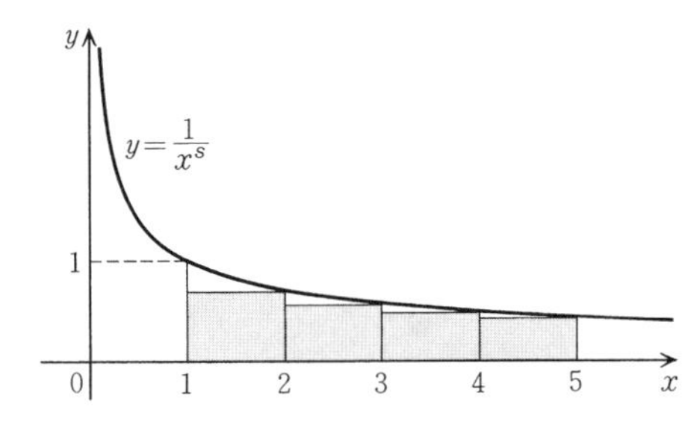

図 4.1　定積分と級数の比較

$0<s<1$ のとき，

$$\frac{1}{n^s} \geqq \int_n^{n+1} \frac{dx}{x^s} = \frac{1}{1-s}((n+1)^{1-s}-n^{1-s}).$$

ゆえに，

$$\sum_{n=1}^{N} \frac{1}{n^s} \geqq \frac{1}{1-s}((N+1)^{1-s}-1).$$

$\lim_{N\to\infty}(N+1)^{1-s}=\infty$ であるから，左辺も ∞ に発散する．

$s=1$ のとき，

$$\frac{1}{n} \geqq \int_n^{n+1} \frac{dx}{x} = \log(n+1)-\log n.$$

よって，$\sum_{n=1}^{N} \frac{1}{n} \geqq \log(N+1)$．$\lim_{N\to\infty}\log(N+1)=\infty$ であるから，左辺も ∞ に発散する((1.14)をみよ)．

$s>1$ のとき，和 $\sum_{n=1}^{\infty}\frac{1}{n^s}$ を s の関数と考えて，リーマンのゼータ関数と言い，$\zeta(s)$ で表す．ゼータ関数は，数論，幾何学，解析学など現代数学全般にわたって利用される重要な関数である． ▮

例題 4.15　$\sum_{n=2}^{\infty}\frac{1}{n\log n}$ は発散することを示せ．

［解］　関数 $\frac{1}{x\log x}$ $(x>1)$ は単調減少な正の関数である．ゆえに，例題 4.14 と同様の考察により

$$\int_2^{\infty}\frac{dx}{x\log x} \leqq \sum_{n=2}^{\infty}\frac{1}{n\log n}.$$

ところで，

$$\begin{aligned}\int_2^{\infty}\frac{dx}{x\log x} &= \lim_{M\to\infty}\int_2^{M}\frac{dx}{x\log x}\\ &= \lim_{M\to\infty}[\log(\log x)]_2^M = \infty.\end{aligned}$$

したがって $\sum_{n=2}^{\infty}\frac{1}{n\log n}$ は発散する． ▮

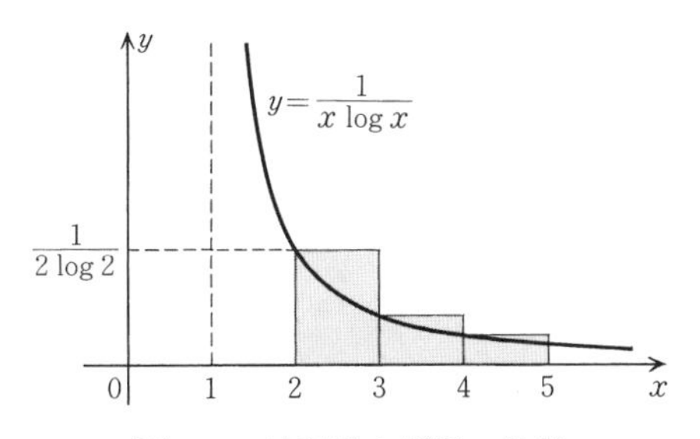

図 4.2　定積分と級数の比較

命題 4.13 は，$u_n=0$ となる項が無限個現れると適用できない．このような場合，次の判定法が有用である．

命題 4.16（コーシーの判定法）　$u_n \geqq 0$ とする．このとき，ある番号 N があって，

$$\sqrt[n]{u_n} \leqq \lambda < 1 \quad (n \geqq N)$$

ならば $U=\sum_{n=1}^{\infty} u_n$ は収束する．$\sqrt[n]{u_n} \geqq 1\ (n \geqq N)$ ならば U は発散する．

［証明］ $\sqrt[n]{u_n} \leqq \lambda < 1\ (n \geqq N)$ ならば，$u_n \leqq \lambda^n\ (n \geqq N)$ である．$\sum_{n=N}^{\infty} \lambda^n = \frac{\lambda^N}{1-\lambda} < \infty$ だから U も収束する．

一方 $\sqrt[n]{u_n} \geqq 1\ (n \geqq N)$ ならば，$\lim_{n\to\infty} u_n = 0$ にはなり得ないから，U は発散する． ∎

命題 4.16 をさらに精密化した次の定理が成り立つ．証明には，実数についての進んだ考察を必要とするのでここでは定理を述べるだけにする(『微分と積分 2』の §2.2 を参照)．

定理 4.17 (コーシー–アダマール(Cauchy-Hadamard)の判定法)　正項級数 $\sum_{n=1}^{\infty} u_n$ に対して

$$\varlimsup_{n\to\infty} \sqrt[n]{u_n} < 1 \tag{4.4}$$

ならば $U=\sum_{n=1}^{\infty} u_n$ は収束する．

$$\varlimsup_{n\to\infty} \sqrt[n]{u_n} > 1 \tag{4.5}$$

ならば $U=\sum_{n=1}^{\infty} u_n$ は発散する． □

例 4.18　$u_n = \frac{1+(-1)^n}{2} x^n\ (x \geqq 0)$．すなわち $U = 1+x^2+x^4+x^6+\cdots$(奇数項は 0)の場合，$\lim_{n\to\infty} \sqrt[n]{u_n}$ は収束しない．しかし $\varlimsup_{n\to\infty} \sqrt[n]{u_n} = x$ である．実際，U は $x<1$ のときは収束し，$x \geqq 1$ のときは ∞ に発散する． □

例 4.19

$$U = \sum_{n=0}^{\infty} e^{-n^s a} \quad (s>0,\ a>0)$$

は $s \geqq 1$ ならば収束する．実際，

$$\lim_{n\to\infty} \sqrt[n]{e^{-n^s a}} = \lim_{n\to\infty} e^{-n^{s-1}a} = \begin{cases} 0 & (s>1) \\ e^{-a} & (s=1) \\ 1 & (s<1) \end{cases}$$

であり，$e^{-a}<1$ だから．$1>s>0$ の場合も U は収束する．それをみるには，より精密な判定法を必要とする(演習問題 4.5 参照)．あるいは例題 2.84(2) より，適当な正整数 m に対して，不等式

$$e^{n^s a} \geqq \sum_{r=0}^{m} \frac{1}{r!} n^{ms} a^m \geqq \frac{n^{ms}}{m!} a^m$$

が成り立つから，例題 4.14 を適用すればよい． □

問 6　コーシーあるいはコーシー–アダマールの判定法を用いて次の級数の収束，発散を調べよ．

(1) $\sum_{n=-\infty}^{\infty} x^{n^2} = 1+2x+2x^4+2x^9+\cdots \quad (x \geqq 0)$　　(2) $1+\sum_{n=1}^{\infty} \frac{n^n}{n!} x^n \quad (x \geqq 0)$

(3) $\sum_{n=2}^{\infty} a_n^{-1}$　($\{a_n\}$ はフィボナッチ数列(1.5)とする．ただし，$a_1=0,\ a_2=1$)

(c) 交項級数

$u_n \geqq 0$ なるとき，

$$\sum_{n=1}^{\infty} (-1)^{n-1} u_n \quad \text{または} \quad \sum_{n=1}^{\infty} (-1)^n u_n$$

の形の級数を**交項級数**あるいは交代級数と言う．

例 4.20　$\sin x = \sum_{n=0}^{\infty} (-1)^n \frac{x^{2n+1}}{(2n+1)!}$ (式(4.17)参照)は $x>0$ のときに，$\log(1+x) = \sum_{n=1}^{\infty} \frac{(-1)^{n-1}}{n} x^n$ (式(4.19)参照)は $1>x>0$ のときに，交項級数である． □

命題 4.21　$\{u_n\}$ $(u_n \geqq 0)$ が単調減少で 0 に収束するならば，$\sum_{n=1}^{\infty} (-1)^{n-1} u_n$ は収束する．そして次の不等式が成り立つ．

$$u_1 \geqq \sum_{n=1}^{\infty} (-1)^{n-1} u_n \geqq 0 \tag{4.6}$$

[証明]　$U_N = \sum_{n=1}^{N} u_n$ を N が偶数・奇数の場合に分けて

$$U_{2m} = (u_1 - u_2) + \cdots + (u_{2m-1} - u_{2m}) \quad (m \geqq 1),$$
$$U_{2m+1} = u_1 - (u_2 - u_3) - \cdots - (u_{2m} - u_{2m+1}) \quad (m \geqq 0)$$
$$= U_{2m} + u_{2m+1}$$

と書ける．$u_n - u_{n+1} \geqq 0$ であるから，

$$U_2 \leqq U_4 \leqq \cdots \leqq U_{2m} \leqq U_{2m+1} \leqq \cdots \leqq U_3 \leqq U_1 = u_1 .$$

しかも，$m \to \infty$ のときに $U_{2m+1} - U_{2m} = u_{2m+1} \to 0$ となるから，$\lim_{m\to\infty} U_{2m}$，$\lim_{m\to\infty} U_{2m+1}$ は共に収束して互いに等しい．すなわち

$$\lim_{n\to\infty} \sum_{n=1}^{\infty} (-1)^{n-1} u_n = \lim_{m\to\infty} U_{2m} = \lim_{m\to\infty} U_{2m+1}. \tag{4.7}$$

$\lim_{m\to\infty} U_{2m} \geqq 0$，$\lim_{m\to\infty} U_{2m+1} \geqq 0$ に注意して(4.6)を得る．∎

例 4.22　例 1.22 の $\sum_{n=1}^{\infty} (-1)^{n-1} \frac{1}{n} = 1 - \frac{1}{2} + \frac{1}{3} - \cdots$ が収束することはすでにみた通りである．□

(d)　絶対収束級数

級数 $U = \sum_{n=1}^{\infty} u_n$ に対して正項級数 $\widetilde{U} = \sum_{n=1}^{\infty} |u_n|$ が収束するとき，U は**絶対収束**(absolutely convergent)すると言う．

命題 4.23　$\widetilde{U}$ が収束するならば U も収束する．

［証明］　§1.3(c)のコーシーの判定法を使う．任意の自然数 N と正整数列 $\{p_n\}$ に対して

$$|u_{N+1} + \cdots + u_{N+p_N}| \leqq |u_{N+1}| + \cdots + |u_{N+p_N}|$$

である．$\widetilde{U}$ が収束するので $N \to \infty$ のとき右辺は 0 に収束する．ゆえに左辺もそうである．よって U は収束する．∎

命題 4.13，命題 4.16 に呼応して次の命題が成り立つ．

命題 4.24　$u_n \neq 0$ $(n \geqq 1)$ とする．ある番号 N があって

(i)　$\left|\frac{u_{n+1}}{u_n}\right| \leqq \lambda < 1$ $(n \geqq N)$ ならば U は絶対収束する．

(ii)　$\left|\frac{u_{n+1}}{u_n}\right| \geqq 1$ $(n \geqq N)$ ならば U は収束しない．□

命題 4.25　ある番号 N があって $\sqrt[n]{|u_n|} \leqq \lambda < 1$ $(n \geqq N)$ ならば U は絶対

収束する．$\sqrt[n]{|u_n|} \geqq 1\ (n \geqq N)$ ならば U は収束しない．　□

例 4.26　$\sum_{n=0}^{\infty}(n+2)(n+1)x^n\ (-\infty < x < \infty)$ は $\lim_{n\to\infty}\sqrt[n]{(n+1)(n+2)|x|^n} = |x|$ であるから，$|x|<1$ のときは U は絶対収束する．$|x| \geqq 1$ のときは収束しない．$x \geqq 1$ のときは ∞ に発散し，$x \leqq -1$ のときは振動する．　□

問 7　次の級数について収束するかどうか判定せよ．

(1) $\sum_{n=2}^{\infty}\log\left(1+\frac{(-1)^n}{n}\right)$　(2) $\sum_{n=0}^{\infty}\sin\left(\frac{n\pi}{3}\right)$　(3) $\sum_{n=1}^{\infty}\frac{\sin nx}{n^2}$

(4) $\sum_{n=0}^{\infty}\frac{\lambda(\lambda-1)\cdots(\lambda-n+1)}{\mu(\mu-1)\cdots(\mu-n+1)}x^n$　$(x \neq \pm 1,\ \lambda, \mu \neq 0, 1, 2, 3, \cdots$ のとき$)$

(5) $\sum_{n=1}^{\infty}\frac{x^n}{1-x^n}$　$(x \neq \pm 1)$

数列 $\{u_n\}$ に対して，$u_n \geqq 0$ ならば $u_n^+ = u_n$, $u_n^- = 0$，$u_n < 0$ ならば $u_n^+ = 0$, $u_n^- = |u_n|$ とおけば，2 個の正項級数 $U^+ = \sum u_n^+$, $U^- = \sum u_n^-$ が得られる．このとき，$u_n = u_n^+ - u_n^-$，$|u_n| = u_n^+ + u_n^-$ である．

命題 4.27　U が絶対収束するならば，U^+, U^- は共に収束する．また逆も成り立つ．そして，

$$\widetilde{U} = U^+ + U^- \tag{4.8}$$

$$U = U^+ - U^- \tag{4.9}$$

である．　□

$\sum_{n=1}^{\infty}u_n$ が絶対収束するならば $\{u_n\}$ を並びかえてできる級数はすべて収束する．実際，U^+, U^- はそれぞれ数列 $\{u_1^+ + \cdots + u_n^+\}$, $\{u_1^- + \cdots + u_n^-\}$ の上限に等しく，それらは $\{u_n\}$ の並べかえによらない．したがって，また，$U = U^+ - U^-$ も $\{u_n\}$ の並べかえによらない．

例えば，

$$\begin{aligned} 1+x+x^2+\cdots &= 1+(x^2+x)+(x^5+x^4+x^3)+(x^9+x^8+x^7+x^6)+\cdots \\ &= 1+x\frac{1-x^2}{1-x}+x^3\frac{1-x^3}{1-x}+x^6\frac{1-x^4}{1-x}+\cdots \end{aligned}$$

$$= \sum_{n=0}^{\infty} x^{\frac{n(n+1)}{2}} \frac{1-x^{n+1}}{1-x} \quad (|x|<1).$$

実際,

$$\sum_{n=0}^{\infty} x^{\frac{n(n+1)}{2}}(1-x^{n+1}) = \sum_{n=0}^{\infty} x^{\frac{n(n+1)}{2}} - \sum_{n=0}^{\infty} x^{\frac{(n+1)(n+2)}{2}} = 1$$

であるから，最後の右辺は $\dfrac{1}{1-x}$ に等しい.

しかしながら，$\sum_{n=1}^{\infty} u_n$ が収束するが，絶対収束しなければ事情は一変する. 実際，ここでは詳しく述べないが，$U^+=U^-=\infty$ の場合には数列 $\{u_n\}$ を並べかえることによってその和を任意の値に等しくなるようにできる(高木貞治『解析概論』第4章参照).

(e)　無限積

数列 $\{u_n\}_{n=1}^{\infty}$ に対して，$1+u_n$ の積の数列 $a_N = \prod_{n=1}^{N}(1+u_n)$ を考える. ここで $\prod_{n=1}^{N}(1+u_n) = (1+u_1)(1+u_2)\cdots(1+u_N)$. $\lim_{N\to\infty} a_N$ が収束するときこれを $\prod_{n=1}^{\infty}(1+u_n)$ あるいは $\prod_{n\geqq 1}(1+u_n)$ と表す.

命題 4.28　$1+u_n>0$ $(n\geqq 1)$ とする. $\sum_{n=1}^{\infty}\log(1+u_n)$ が収束するならば

$$\prod_{n=1}^{\infty}(1+u_n) = \exp\left(\sum_{n=1}^{\infty}\log(1+u_n)\right) \tag{4.10}$$

は0でない極限値を持つ.

［証明］　$\log a_N = \sum_{n=1}^{N}\log(1+u_n)$ であるから，仮定によりその極限値 α が存在する. $\lim_{N\to\infty}\log a_N = \alpha$ $(\alpha\in\mathbb{R})$. $e^x=\exp(x)$ は連続だから，$\lim_{N\to\infty} a_N = \exp\left(\lim_{N\to\infty}\log a_N\right) = e^{\alpha} \neq 0$. ∎

定理 4.29　$u_n>-1$ とする. $\sum_{n=1}^{\infty}\log(1+u_n)$ が絶対収束するための必要十分条件は $\sum_{n=1}^{\infty}|u_n|$ が収束することである.

［証明］　$\sum_{n=1}^{\infty}\log(1+u_n)$ が絶対収束するとする. このとき $\lim_{n\to\infty} u_n = 0$ であ

る．$\dfrac{1}{e}-1<u_n<e-1$ ならば $|u_n|<e|\log(1+u_n)|$ であった(例 2.45(5))．したがって，十分大きな番号 N に対して，

$$\sum_{n=N}^{\infty}|u_n|<e\sum_{n=N}^{\infty}|\log(1+u_n)|<\infty.$$

すなわち，$\sum|u_n|$ は収束する．

逆を証明する．$|x|<1/2$ ならば

$$|\log(1+x)|\leqq 2|x|$$

である(例 2.45(6)参照．また，$x=-1/2$ のとき，$|\log 1/2|<1$ となることに注意する)．今，$n\geqq N$ に対して，$|u_n|<1/2$ としてよい．ゆえに，

$$\sum_{n=N}^{\infty}|\log(1+u_n)|<2\sum_{n=N}^{\infty}|u_n|.$$

したがって $\sum_{n=N}^{\infty}\log(1+u_n)$ は絶対収束する． ∎

例 4.30　$\prod_{n=0}^{\infty}(1+ax^n)$ $(|x|<1)$ は収束する．実際，ax^n は十分大きな番号 N をとれば $n\geqq N$ のとき $|ax^n|<1$ である．$\sum_{n\geqq N}|ax^n|$ は収束するから $\prod_{n=0}^{\infty}(1+ax^n)$ も収束する． □

例 4.31　$u_n=-\dfrac{1}{n+1}$ $(n\geqq 1)$ の場合は定理 4.29 の条件をみたさない．このときは $\prod_{n=1}^{\infty}(1+u_n)$ は 0 に収束する． □

定理 4.29 の条件が成り立つとき，無限積 $\prod_{n=1}^{\infty}(1+u_n)$ は絶対収束すると言う．その場合，絶対収束級数の場合と同様に，積の順番を並べかえても値が変わらないことがわかる．

問 8　次の無限積が収束することを示せ．

(1) $\displaystyle\prod_{n=1}^{\infty}\left(1-\frac{x^2}{n^2\pi^2}\right)$　　(2) $\displaystyle\prod_{n=1}^{\infty}\cos\frac{x}{2^n}$

例題 4.32　$x\geqq 0$ のとき

$$f(x) = \lim_{n\to\infty} \frac{(x+1)\cdots(x+n)}{n^x n!} \tag{4.11}$$

が0でない値に収束することを示せ.

［解］

$$a_n = \log\frac{(x+1)\cdots(x+n)}{n^x n!} = \sum_{k=1}^{n} \log\left(1+\frac{x}{k}\right) - x\log n,$$

$$b_1 = a_1, \quad b_n = a_n - a_{n-1} \quad (n \geqq 2)$$

とおいて2個の数列 $\{a_n\}, \{b_n\}$ を定義する．すると

$$b_n = \log\left(1+\frac{x}{n}\right) - x\log\left(1+\frac{1}{n-1}\right)$$

と書ける．例2.45(6)の不等式により，$x<n$ のとき,

$$\frac{x}{n} - \frac{x^2}{2n^2} \leqq \log\left(1+\frac{x}{n}\right) \leqq \frac{x}{n},$$

$$\frac{1}{n-1} - \frac{1}{2(n-1)^2} \leqq \log\left(1+\frac{1}{n-1}\right) \leqq \frac{1}{n-1}.$$

これより,

$$-\frac{x^2}{2n^2} + \frac{x}{n} - \frac{x}{n-1} \leqq b_n \leqq \frac{x}{n} - \frac{x}{n-1} + \frac{x}{2(n-1)^2}.$$

すなわち

$$|b_n| \leqq \frac{x}{n(n-1)} + \frac{x}{2(n-1)^2} \leqq \frac{3x}{2(n-1)^2}.$$

さて，$\displaystyle\sum_{n=2}^{\infty} \frac{1}{n(n-1)} = 1$, $\displaystyle\sum_{n=2}^{\infty} \frac{1}{(n-1)^2} \leqq 2$ であるから，$\displaystyle\lim_{n\to\infty} a_n = \sum_{n=1}^{\infty} b_n$ は絶対収束する．ゆえに $\displaystyle\lim_{n\to\infty} e^{a_n} = \lim_{n\to\infty} \frac{(x+1)\cdots(x+n)}{n^x n!}$ は収束する． ∎

(4.11)からただちにわかるように，$x \geqq 0$ のとき，関数等式

$$f(x+1) = \frac{f(x)}{x+1} \tag{4.12}$$

が満たされる．ガンマ関数の逆数 $\dfrac{1}{\Gamma(x+1)}$ も同じ等式を満たすが((3.32)をみよ)，実は $f(x)$ は $\dfrac{1}{\Gamma(x+1)}$ に一致する(『複素関数入門』参照).

注意 4.33　$x<0$ のとき，$x\neq -1,-2,-3,\cdots$ ならば，(4.11)は0でない極限値を持つことがわかる．同様にして，等式

$$\frac{1}{\Gamma(x+1)}=\lim_{n\to\infty}\frac{(x+1)\cdots(x+n)}{n^x n!}\quad (x\neq -1,-2,-3,\cdots)$$

が成り立つ．これはオイラー(Euler)の公式と呼ばれる．

問 9　$f(x)$ が(4.11)で定義されているとき，$f(m)=\dfrac{1}{m!}$ $(m=1,2,3,\cdots)$ となることを示せ．

問 10　注意 4.33 の事実を示せ．

例題 4.34　(4.11)の関数 $f(x)$ に対して，$f(1/2)$ を求めよ．

［解］　(4.11)の右辺の数列の第 n 項は，$x=1/2$ のとき $\dfrac{1\cdot 3\cdots(2n+1)}{n^{1/2}2\cdot 4\cdots(2n)}$ に等しい．例題 3.50 よりこれは $\sqrt{\dfrac{2(2n+1)I_{2n}}{n\pi I_{2n+1}}}$ に等しい．一方 $\lim\limits_{n\to\infty}\dfrac{I_{2n}}{I_{2n+1}}=1$ (演習問題 3.2)であるから

$$f(1/2)=\lim_{n\to\infty}\frac{\left(\frac{1}{2}+1\right)\cdots\left(\frac{1}{2}+n\right)}{n^{1/2}n!}=\frac{2}{\sqrt{\pi}}\qquad(4.13)$$

を得る．この等式はウォリス(Wallis)の公式という．$f(x)$ が $\dfrac{1}{\Gamma(1+x)}$ に等しいので(4.13)はまた，$\Gamma(1/2)$ が $\sqrt{\pi}$ に等しいことも意味する．∎

§4.2　ベキ級数と解析関数

ベキ級数の典型はテイラー級数である．テイラーの公式(2.39)を用いて，初等関数のテイラー級数表示を求める．次に，無限回微分可能だが解析的でない関数の例を与える．最後に，アーベルの総和法を用いて，収束域の端点

での収束性を与えるアーベルの定理を説明する．

(a)　テイラー級数

$f(x)$ を $[a,b]$ で無限回微分可能とすると，任意の点 α において次のテイラーの公式が成り立つ(定理 2.82 および定理 3.66)．

$$f(x) = \sum_{k=0}^{n-1} \frac{f^{(k)}(\alpha)}{k!}(x-\alpha)^k + R_n(x), \tag{4.14}$$

$$R_n(x) = \frac{1}{(n-1)!}\int_\alpha^x f^{(n)}(t)(x-t)^{n-1}dt$$

$$= \frac{1}{n!}f^{(n)}(\xi)(x-\alpha)^n.$$

ここで，ξ は $\alpha<\xi<x$ または $x<\xi<\alpha$ をみたす適当な点である．

今，もしもある正の定数 C, K について

$$\left|\frac{1}{n!}f^{(n)}(x)\right| \leqq CK^n$$

が成り立つならば，$|x-\alpha|<1/K$ のとき $R_n(x)\to 0\ (n\to\infty)$ となるから，等式

$$f(x) = \sum_{k=0}^{\infty} \frac{f^{(k)}(\alpha)}{k!}(x-\alpha)^k \quad (|x-\alpha|<1/K) \tag{4.15}$$

が得られる．この展開を $f(x)$ の α における**テイラー展開**，右辺を**テイラー級数**という．そして，$f(x)$ は $x=\alpha$ で**解析的**であると言う．

一般に，関数 $f(x)$ が，

$$f(x) = \sum_{n=0}^{\infty} a_n(x-\alpha)^n \quad (|x-\alpha|<r)$$

と表されるときに，$f(x)$ はベキ級数展開を持つと言い，右辺をベキ級数と言う．テイラー展開はベキ級数展開である．

例 4.35　$f(x)=e^x$．$f^{(n)}(x)=e^x$ であったから

$$R_n(x) = \frac{(x-\alpha)^n}{n!}e^{\xi}.$$

e^{ξ} は n について有界，かつ $\lim_{n\to\infty}\dfrac{(x-\alpha)^n}{n!}=0$ であるから，$n\to\infty$ のとき $R_n(x)\to 0$ となって，ベキ級数展開

$$e^x = e^{\alpha}\sum_{k=0}^{\infty}\frac{1}{k!}(x-\alpha)^k \quad (-\infty < x < \infty) \tag{4.16}$$

が得られる．$\alpha=0$ のときには(1.31)に一致する． □

同様にして，$\alpha=0$ のとき，

$$\begin{aligned} \sin x &= \sum_{m=0}^{\infty}(-1)^m\frac{x^{2m+1}}{(2m+1)!} \quad (-\infty < x < \infty), \\ \cos x &= \sum_{m=0}^{\infty}(-1)^m\frac{x^{2m}}{(2m)!} \quad (-\infty < x < \infty) \end{aligned} \tag{4.17}$$

が得られる．

問 11　(4.17)の2個の等式を証明せよ．

$\alpha=0$ のときのベキ級数展開(4.14)はマクローリン(Maclaurin)展開とも呼ばれる．

例 4.36 (2 項展開)

$$(1+x)^{\lambda} = \sum_{n=0}^{\infty}\frac{\lambda(\lambda-1)\cdots(\lambda-n+1)}{n!}x^n \quad (-1 < x < 1) \tag{4.18}$$

が成り立つ．λ が非負整数ならば，これは **2 項定理**である．

(4.18)を示すために(4.14)から得られる等式

$$R_n(x) = \frac{\lambda(\lambda-1)\cdots(\lambda-n+1)}{(n-1)!}\int_0^x (1+t)^{\lambda-n}(x-t)^{n-1}dt \quad (n \geqq 1)$$

を利用する．$0\leqq t\leqq x$ または $x\leqq t\leqq 0$ のとき，不等式 $\left|\dfrac{x-t}{1+t}\right|\leqq|x|$ が成り立つ．したがって

$$\left|\int_0^x (1+t)^{\lambda-n}(x-t)^{n-1}dt\right| \leqq \left|\int_0^x (1+t)^{\lambda-1}dt\right||x|^{n-1} = \left|\frac{(1+x)^\lambda-1}{\lambda}\right||x|^{n-1}.$$

一方，(4.11)より，C をある正数として

$$\left|\frac{\lambda(\lambda-1)\cdots(\lambda-n+1)}{(n-1)!}\right| \leqq \frac{|\lambda|(|\lambda|+1)\cdots(|\lambda|+n-1)}{(n-1)!} \leqq C|\lambda|\cdot(n-1)^{|\lambda|}.$$

ゆえに,

$$|R_n(x)| \leqq C|(1+x)^\lambda-1|\ (n-1)^{|\lambda|}|x|^{n-1}.$$

ここで $\lim_{n\to\infty}(n-1)^{|\lambda|}|x|^{n-1}=0$ より，$\lim_{n\to\infty}R_n(x)=0$. すなわち，(4.18)が成り立つ. □

注意 4.37　命題4.24の判定法を用いると，(4.18)の右辺のベキ級数は，$|x|>1$ では決して収束しないことがわかる．このような場合，区間 $(-1,1)$ は級数(4.18)の収束域であると言う.

例 4.38　同様の方針で，等式

$$\log(1+x) = \sum_{n=1}^{\infty}(-1)^{n-1}\frac{x^n}{n} \quad (-1<x<1) \tag{4.19}$$

が得られる. □

問 12　(4.19)を示せ．収束域は $-1<x<1$ であることを示せ.

例題 4.39　次の等式を示せ.

$$\log 2 = 1-\frac{1}{2}+\frac{1}{3}-\cdots. \tag{4.20}$$

[解]

$$1-x+x^2-\cdots+(-1)^n x^n = \frac{1-(-x)^{n+1}}{1+x}.$$

両辺を0から1まで積分して,

$$\sum_{k=0}^{n}\frac{(-1)^k}{k+1}=\log 2+(-1)^n\int_0^1\frac{x^{n+1}}{1+x}dx.$$

ところで，

$$0\leqq\int_0^1\frac{x^{n+1}}{1+x}dx<\int_0^1 x^{n+1}dx=\frac{1}{n+2}\to 0\quad(n\to\infty).$$

よって，(4.20)を得る. ∎

同様な方針で積分公式 $\displaystyle\int_0^1\frac{dx}{1+x^2}=\frac{\pi}{4}$ を使って

$$\frac{\pi}{4}=1-\frac{1}{3}+\frac{1}{5}-\cdots \tag{4.21}$$

が得られる.

問13　(4.21)を示せ.

次に無限回微分可能だが解析的でない関数の例を与える.

例題 4.40

$$f(x)=\begin{cases} e^{-1/x} & (x>0)\\ 0 & (x\leqq 0)\end{cases}$$

は $x=0$ における微係数 $f^{(k)}(0)$ がすべて 0 になることを示せ.

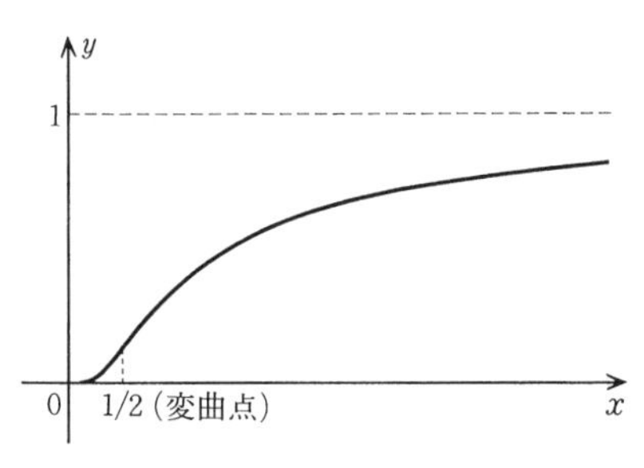

図 4.3　$y=e^{-1/x}$ のグラフ

［解］

$$f'(x) = \begin{cases} \dfrac{e^{-1/x}}{x^2} & (x > 0) \\ 0 & (x \leqq 0) \end{cases}$$

また $\displaystyle\lim_{x\downarrow 0}\frac{e^{-1/x}}{x}=0$ であるから，$f'(0)=0$.

再び $\displaystyle\lim_{x\downarrow 0}f'(x)=0$ となるので，$f'(x)$ は $-\infty<x<\infty$ で連続になる．同様にして，

$$f''(x) = \begin{cases} \left(-\dfrac{2}{x^3}+\dfrac{1}{x^4}\right)e^{-1/x} & (x > 0) \\ 0 & (x \leqq 0) \end{cases}$$

を得る．数学的帰納法によって一般に

$$f^{(n)}(x) = \phi_n\left(\frac{1}{x}\right)e^{-1/x} \quad (x > 0) \tag{4.22}$$

を得る．ここで $\phi_n(t)$ は $2n$ 次多項式．実際，両辺を微分して

$$f^{(n+1)}(x) = \left\{-\frac{1}{x^2}\phi_n'\left(\frac{1}{x}\right)+\frac{1}{x^2}\phi_n\left(\frac{1}{x}\right)\right\}e^{-1/x}$$

より，漸化式

$$\phi_{n+1}\left(\frac{1}{x}\right) = -\frac{1}{x^2}\phi_n'\left(\frac{1}{x}\right)+\frac{1}{x^2}\phi_n\left(\frac{1}{x}\right)$$

を得る．

さて，$f^{(m)}(0)=0\ (m\leqq n)$ が成り立つものとし，$f^{(n+1)}(0)=0$ を示したい．$f^{(n+1)}(x)=0\ (x<0)$ は明らか．一方，任意の正整数 m に対して

$$\lim_{x\downarrow 0}\frac{e^{-1/x}}{x^m}=0$$

であるから，$\displaystyle\lim_{x\downarrow 0}\frac{f^{(n)}(x)}{x}=0$．すなわち，$f^{(n+1)}(0)=0$．これで，すべての $n\ (n\geqq 0)$ に対して，$f^{(n)}(0)$ は 0 であることがわかった． ∎

この関数 $f(x)$ がもしも $x=0$ において(4.15)のようにベキ級数展開されているならば，$x=0$ の近傍で $f(x)$ は恒等的に 0 になるはずである．しかし，

実際にはそうではない．つまり $f(x)$ は $x=0$ で解析的ではない．

問 14

$$y=\begin{cases} e^{-\frac{1}{x(1-x)}} & (0 \leqq x \leqq 1) \\ 0 & (x \leqq 0,\ x \geqq 1) \end{cases}$$

は $(-\infty,\infty)$ で無限回微分可能であるが，$x=0$ あるいは $x=1$ で解析的でないことを示せ．（ヒント：すべての $n \geqq 0$ について $f^{(n)}(0)=f^{(n)}(1)=0$ を示せばよい）

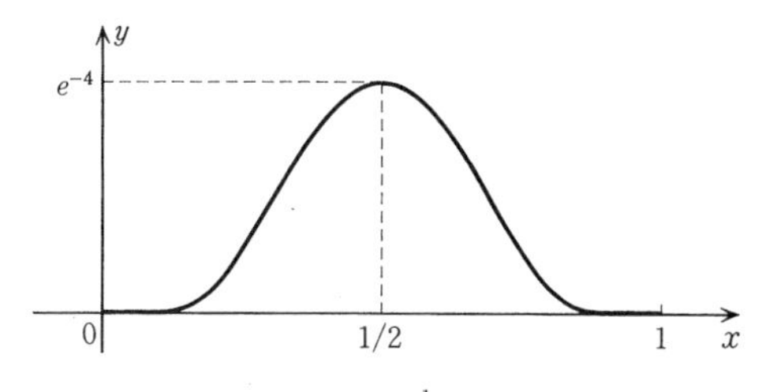

図 4.4　$y=e^{-\frac{1}{x(1-x)}}$ のグラフ

(b)　アーベルの定理

(a)でみたように

$$\log(1+x) = x-\frac{x^2}{2}+\cdots \quad (|x|<1).$$

ここで形式的に $x=1$ を代入すれば(4.20)が得られる．

それでは 2 項展開

$$(1+x)^\lambda = \sum_{n=0}^{\infty} \frac{\lambda(\lambda-1)\cdots(\lambda-n+1)}{n!}x^n \quad (|x|<1)$$

に $x=1$ を代入して等式

$$2^\lambda = \sum_{n=0}^{\infty} \frac{\lambda(\lambda-1)\cdots(\lambda-n+1)}{n!} \tag{4.23}$$

が得られるのであろうか？　これが 19 世紀初頭にノルウェーの数学者アーベルを悩ました問題である．

右辺の各項は

$$\frac{\lambda(\lambda-1)\cdots(\lambda-n+1)}{n!} = (-1)^n \prod_{k=1}^{n}\left(1-\frac{\lambda+1}{k}\right)$$

であるが，$N>|\lambda|$ となる正整数をとれば，$n\geqq N+1$ のとき，

$$(-1)^n \prod_{k=1}^{n}\left(1-\frac{\lambda+1}{k}\right) = (-1)^n \prod_{k=1}^{N}\left(1-\frac{\lambda+1}{k}\right)\prod_{k=N+1}^{n}\left(1-\frac{\lambda+1}{k}\right)$$

となって，$n=N+1$ から始まる級数 $\sum\limits_{n=N+1}^{\infty}\dfrac{\lambda(\lambda-1)\cdots(\lambda-n+1)}{n!}$ は交項級数で，$\prod\limits_{k=N+1}^{n}\left(1-\dfrac{\lambda+1}{k}\right)$ は単調減少かつ $n\to\infty$ のとき 0 に収束する(注意 4.33 参照)．命題 4.21 より(4.23)の右辺は収束する．

アーベルは以下に述べるような新しいアイデアを出してこの問題に見事に答えたのである．

定理 4.41（アーベルの定理）　開区間 $(-1,1)$ 上の収束ベキ級数 $\sum\limits_{n=0}^{\infty} a_n x^n$ が与えられているとき，$\sum\limits_{n=0}^{\infty} a_n$ が収束するならば，級数 $U(x)=\sum\limits_{n=0}^{\infty} a_n x^n$ は $[c,1]$ $(1>c\geqq 0)$ 上で一様収束する．したがって，$U(x)$ は $[c,1]$ で連続．特に

$$\lim_{x\uparrow 1} U(x) = \sum_{n=0}^{\infty} a_n. \tag{4.24}$$

［証明］　番号 N $(N\geqq 0)$ を固定し，部分和 $S_{N,N+r}=a_{N+1}+\cdots+a_{N+r}$ $(r\geqq 1)$ を考える．任意の正整数 p に対し，次のようにアーベルの変換を行なう．

$$\begin{aligned}
&a_{N+1}x^{N+1}+\cdots+a_{N+p}x^{N+p}\\
&\quad = S_{N,N+1}x^{N+1}+(S_{N,N+2}-S_{N,N+1})x^{N+2}+\cdots+(S_{N,N+p}-S_{N,N+p-1})x^{N+p}\\
&\quad = S_{N,N+1}(x^{N+1}-x^{N+2})+\cdots+S_{N,N+p-1}(x^{N+p-1}-x^{N+p})+S_{N,N+p}x^{N+p}\\
&\quad = \sum_{r=1}^{p-1} S_{N,N+r}(x^{N+r}-x^{N+r+1})+S_{N,N+p}x^{N+p}.
\end{aligned}$$

$\sum\limits_{n=0}^{\infty} a_n$ が収束するので，任意の小さい正数 $\varepsilon>0$ に対して，十分大きな番号 N をとれば，

$$|S_{N,N+r}|<\varepsilon \quad (r\geqq 1)$$

が満たされる．$x^{N+r}-x^{N+r+1}\geqq 0$ に注意して

$$|a_{N+1}x^{N+1}+\cdots+a_{N+p}x^{N+p}| \leqq \sum_{r=1}^{p-1}\varepsilon(x^{N+r}-x^{N+r+1})+\varepsilon x^{N+p} = \varepsilon x^{N+1} \leqq \varepsilon.$$

すなわち，級数 $\sum_{n=0}^{\infty} a_n x^n$ は $[c,1]$ で一様収束する．ゆえに $U(x)$ は $[c,1]$ で連続であって(『微分と積分 2』第 2 章参照)，$\lim_{x\uparrow 1} U(x) = U(1)$．すなわち，(4.24)が成り立つ． ■

定理 4.41 を利用すれば，次の等式が得られる．

例題 4.42 $\lambda > -1$ ならば

$$2^{\lambda} = \sum_{n=0}^{\infty} \frac{\lambda(\lambda-1)\cdots(\lambda-n+1)}{n!}$$

が成り立つことを示せ．

［解］ 級数

$$\sum_{n=0}^{\infty} \frac{\lambda(\lambda-1)\cdots(\lambda-n+1)}{n!} x^n = (1+x)^{\lambda} \quad (|x|<1)$$

であるが，前にみたように $\lambda > -1$ ならば，$\sum_{n=0}^{\infty} \frac{\lambda(\lambda-1)\cdots(\lambda-n+1)}{n!}$ は収束する．したがって，定理 4.41 より

$$\sum_{n=0}^{\infty} \frac{\lambda(\lambda-1)\cdots(\lambda-n+1)}{n!} = \lim_{x\uparrow 1}(1+x)^{\lambda} = 2^{\lambda}.$$ ■

《まとめ》

4.1 級数の収束，発散について，コーシー–アダマールの判定法に代表されるいくつかの判定法がある．

4.2 ガンマ関数はオイラーの無限積表示を持つ．

4.3 テイラーの公式を用いて，関数をベキ級数表示することができる．

4.4 解析的でない無限回微分可能な関数がある．

4.5 ベキ級数が収束する開区間(収束域)の端点において，アーベルの収束定理が成立する．

演習問題

4.1　$\gamma=\lim\limits_{n\to\infty}\left(1+\dfrac{1}{2}+\cdots+\dfrac{1}{n-1}-\log n\right)$ は収束して，極限値は0より大きく，1より小さいことを示せ．(この極限値はオイラーの定数と言い，$\gamma=0.57721\cdots$ になる．)

4.2　$\sum\limits_{n=1}^{\infty}n^{-n}=\int_0^1 x^{-x}dx$ を示せ．

4.3

$$\frac{\pi}{a}-\frac{1}{a^2}<\sum_{n=-\infty}^{\infty}\frac{1}{n^2+a^2}<\frac{\pi}{a}+\frac{1}{a^2}\quad (a>0)$$

が成り立つことを示せ．これより

$$\lim_{a\to\infty}\sum_{n=-\infty}^{\infty}\frac{a}{n^2+a^2}=\pi$$

が成り立つ．

4.4　$\prod\limits_{n=1}^{\infty}\cos\dfrac{x}{2^n}$ を求めよ．

4.5　正項級数 $\sum\limits_{n=1}^{\infty}u_n$ がある正数 λ に対して，n が十分大きいとき

$$\frac{u_{n+1}}{u_n}=1-\frac{\lambda}{n}+O\left(\frac{1}{n^2}\right)$$

をみたすとする．

(1)　$\lambda>1$ のときは $\sum\limits_{n=1}^{\infty}u_n$ は収束する．

(2)　$0\leqq\lambda\leqq 1$ のときは $\sum\limits_{n=1}^{\infty}u_n$ は発散する．

これを示せ．この判定法をガウスの判定法と言う．

4.6　4.5の判定法を利用して，級数

$$\sum_{n=0}^{\infty}\frac{\alpha(\alpha+1)\cdots(\alpha+n-1)\beta(\beta+1)\cdots(\beta+n-1)}{\gamma(\gamma+1)\cdots(\gamma+n-1)n!}$$

は，$\alpha+\beta-\gamma\geqq 0$ ならば発散か振動，$\alpha+\beta-\gamma<0$ ならば収束することを示せ．ただし α,β,γ は0または負の整数ではないとする．

現代数学への展望

本書の第3章で説明したように，不定積分と定積分には密接なつながりがあった．しかし，2変数になると，積分の与える様相はいっそう複雑になる．平面の図形あるいは領域が与えられたとき，その面積を考えることは積分と深い関係がある．1変数の積分は，区間上でやればよかったが，2変数の積分ははるかに多様な領域上で行なうことになる．例えば，下図のように曲がりくねった形の図形の面積を求めるには本書の§3.1で考察したような単純な設定では無理である．2変数特有の新しい積分の考えを導入してゆかねばならない．

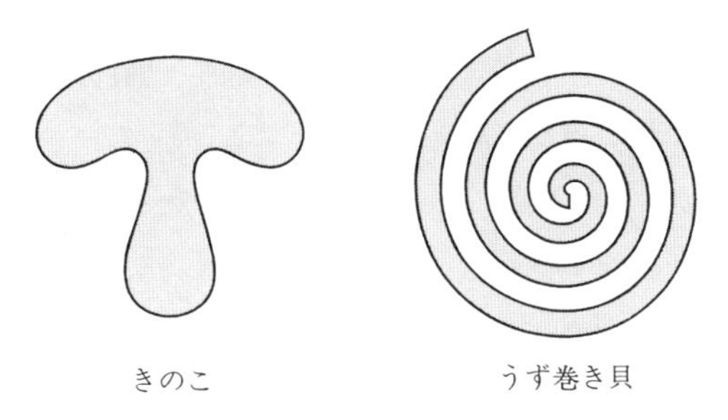

『微分と積分2』では，多変数の，特に2変数の微分，積分が解説されている．本書では区間の分割を用いた積分を定義したが，『微分と積分2』ではこの考えをさらに飛躍させて“単関数”という基本となる関数を導入し，一般の関数はこれらの適当な線形結合の極限とみなす．単関数の積分は直観的に簡単で取り扱いやすい．このような道筋で積分を定義すると，2変数あるいは3変数以上の関数の積分をきわめて明解に，しかも厳密に実行することができる．

1変数の積分を求めるのに，2変数のそれを利用する効用もある．その典型例は，本書の第3章でも述べた積分 $\int_{-\infty}^{\infty} e^{-x^2}dx$ を求める問題である．実

際，求める値は $\sqrt{\pi}$ に等しいが，『微分と積分 2』で説明されているように，等式

$$\left(\int_{-\infty}^{\infty} e^{-x^2} dx\right)^2 = \int_{-\infty}^{\infty}\int_{-\infty}^{\infty} e^{-x^2-y^2} dxdy = \pi$$

を利用するのがもっとも簡単な導き方である．

このような考えをさらに進めて，変数の個数をいろいろ変化させたとき，お互いの積分の関係を探ることはきわめて興味深いテーマである．実際，現代の確率論，場の理論や統計物理の最先端の数学では，このような考え方が本質的な役割を担っている．

また，『微分と積分 2』では本書であまり厳密に説明しなかった，実数の連続性や関数の連続性についてのより進んだ解説がなされている．実数の完備性，有界閉集合のコンパクト性などの重要な性質が，いかに数学の論理的展開に本質的であるかを，読者は味わうことができるであろう．

一方で，多変数関数の増減や極大・極小などのふるまいが『微分と積分 2』で解説されている．そこでは偏微分が主役である．地形の複雑さは，地上の平面座標を (x, y) とすれば，高さである 2 変数関数 $f(x, y)$ のふるまいの複雑さとみることができる．山の頂上，谷間，鞍部などを，関数を用いてどのように記述してゆくのだろうか？　あるいは，水の表面などどのような関数で表示するのだろうか？　数学的にどんなことがわかるのだろうか？　これらの疑問をいだきながら『微分と積分 2』を読んでゆくならば，興味をいっそう駆り立てられることであろう．

曲線の長さ，曲面の表面積，曲面で囲まれた 3 次元の領域の体積などの話題も，『微分と積分 2』で言及されている．曲面は平面の領域に比べてさらに多様である．曲線とは何か？　曲面とは何か？　などの問いかけに始まって，曲線の長さや曲面の表面積を求める積分の理論が解説される．そこでは，『微分と積分 1』の積分の考え方を自然に拡張することによってなされているのであり，本書の読者にとってそれほどの違和感はないはずである．そうして，読者をだんだんと，2 次元の世界から始まって高次元の世界，しかも曲がった空間の世界へといざなってゆく．それは，また，岩波講座現代数学シリー

ズ「現代数学の展開」のテーマのひとつでもあった.

『現代解析学への誘い』では1,2で扱ったテーマをより高度な立場から見直すことになる. 数学では, 問題や対象をより抽象化することによって, より単純な論理による我々の理解を可能にし, さらなる飛躍を与えることがしばしばある.『現代解析学への誘い』の中心テーマのひとつである集合や位相の考え方はその典型である. フラクタルなどの考え方の根底にもこのような数学的背景があることは明らかである. 関数も1変数, 2変数, … と拡張して, 一般のn変数で扱っておけば, いちいち$1, 2, \cdots$ に分けて考察しなくてもよくなる. このような立場に立って,『現代解析学への誘い』では, まず, 関数の一般化である写像が前面に登場する. 写像の合成, 写像の微分, 写像の逆などのテーマ, その応用として微分方程式の解の存在, その基本的性質などが厳密にかつ一般的に取り扱われている.

『複素関数入門』で取り扱われている内容は, 1変数, 2変数の微分, 積分の両方とつながりが深い. 本書の第2,3,4章の内容の多くの部分が, いかに自然に複素数に拡張され得るかを知ることができよう.

複素関数は独特の美しい世界をなしている. コーシー–リーマンの方程式, コーシーの積分公式, 留数の定理, 無限級数などを通して, 多くの美しい公式が提示されている. 読者が, じかにこれらの内容に触れてみれば, その簡潔さ, 美しさ, 不思議さに魅了されることであろう. そして, 複素積分を用いることにより, 本書で扱ったいくつかのやや難しく見える積分公式が, いとも簡単に導かれる新鮮さを味わうことができるにちがいない. 複素関数の手法, すなわち複素解析は現代数学の基本的テーマのひとつでもある.

微分と積分はだいたい以上の4冊で終了する. 読者がこれらをマスターしたあかつきには, 純粋数学を目ざすにせよ応用数学を目ざすにせよ, 数学の解析的基礎ができあがったことになる. 岩波講座「現代数学の基礎」「現代数学の展開」などのさらに高度なテーマにも自信を持って読み進んでゆくよう期待したい.

参考書

微分積分に関する邦書は数多く出版されているので，参考書としてあげるには枚挙にいとまがない．本書を執筆するにあたって，筆者がいろいろ参考にしたもののみを次に掲げる．

1. 高木貞治，解析概論(改訂第三版)，岩波書店，1983.

これは押しも押されぬ名著として，長年にわたって親しまれてきた微分，積分の包括的な教科書である．この本が書かれた時代のわが国における数学的雰囲気を遺憾なく感じとることができる．

2. 溝畑茂，数学解析 上，朝倉書店，1973.

微分，積分の真髄を著者の簡潔，明晰な論理で展開していて，読む者に清涼な快感を与えてくれる．本書で取り扱わなかった振動積分についての解説がある．

3. 小平邦彦，解析入門，岩波書店，1991.

推論や証明への最短の道筋を示す論理的に厳密な展開，著者の独得のスタイルが全体にゆきわたっている．意欲ある読者には一読をすすめたい本である．

4. 志賀浩二，微分・積分 30 講，朝倉書店，1987.

5. 志賀浩二，解析入門 30 講，朝倉書店，1989.

この 2 冊は教科書というよりも読みものという感じを与える．どのようにして微分，積分は生まれたのか，また，どのような道筋によって展開されていくのかなど，その背後にある論理や動機にふれながら微分，積分の理念を楽しく学んでゆくことができる本である．

6. E. T. Whittaker and G. N. Watson, *A course of modern analysis* 4th ed., Cambridge Univ. Press, 1935.

これは今世紀を通じて世界的に有名な解析学の古典である．『微分と積分 1, 2』『複素関数入門』程度のレベルであるが，豊富な内容を含んでいる．

7. P. Lax, S. Burnstein and A. Lax, *Calculus with applications and computing* vol. 1, Springer-Verlag, 1976.

わかりやすい標準的な微分，積分の教科書である．初等的な数値計算法などの解説も入っていて，応用面を志す読者にも有益と思われる．

8. 高橋陽一郎，微分と積分 2 ——多変数への広がり，岩波書店，近刊.

9. 保野博，現代解析学への誘い，岩波書店，近刊.
10. 神保道夫，複素関数入門，岩波書店，近刊.

問解答

第1章

問1 (1) -1 (2) $1/82$ (3) 1023 (4) $\sqrt{11}+\sqrt{10}$ (5) $89/55$

問2 $n \geqq 22$

問3 $p_{n+1}=p_n+p_{n-1}$, $p_1=1$, $p_2=1$

問4 $\alpha \neq 0$ のとき $\alpha=(1\pm\sqrt{5})/2$

問5 それぞれ公比 rs, r/s の等比数列

問6 (1.5)をみたす数列 $\{a_n\}$ に対して，$b_n=\dfrac{a_n}{a_{n-1}}$ とおけば $\{b_n\}$ は(1.6)をみたす．また逆も成り立つ．

問8 x_n はそれぞれ

$$\frac{(\lambda-\sqrt{\lambda^2-4})^{n-2}-(\lambda+\sqrt{\lambda^2-4})^{n-2}}{2^{n-2}\cdot\sqrt{\lambda^2-4}},\quad \frac{(\lambda+\sqrt{\lambda^2-4})^{n-1}-(\lambda-\sqrt{\lambda^2-4})^{n-1}}{2^{n-1}\cdot\sqrt{\lambda^2-4}}$$

問9 (5) (a) $c_n=m$ $(n=2m)$, $m+1$ $(n=2m+1)$ (b) $x\neq y$ のとき $c_n=\dfrac{xy}{x-y}(x^n-y^n)$，$x=y$ のとき $c_n=nx^{n+1}$

問11 $1023/1024$

問13 $S_N^{(1)}=N(N+1)/2$, $S_N^{(2)}=N(N+1)(2N+1)/6$, $S_N^{(3)}=N^2(N+1)^2/4$, $S_N^{(4)}=N(N+1)(6N^3+9N^2+N-1)/30$

問14 (1) $2957/4950$ (2) $833/1998$ (3) $11/50$

問15 (1) $0.\dot{1}4285\dot{7}$ (2) $0.\dot{5}3846\dot{1}$

問17 (1) a (2) 1 $(c>1)$, 0 $(c=1)$, -1 $(0<c<1)$

問21 $\{a_n\}$ は漸化式(1.6)をみたす．$n\to\infty$ のとき $x=\lim_{n\to\infty} a_n=\lim_{n\to\infty} a_{n-1}$ だから，x は(1.17)をみたす．$x>0$ だから，$x=(1+\sqrt{5})/2$.

問24 (1) $c>1$ のとき上限 1，下限 $\dfrac{c-c^{-1}}{c+c^{-1}}$．$c=1$ のとき上限，下限ともに 0．$0<c<1$ のとき上限 $\dfrac{c-c^{-1}}{c+c^{-1}}$，下限 -1 (2) 上限 $\sqrt{3}/2$，下限 $-\sqrt{3}/2$

問25 (1) $\overline{\lim_{n\to\infty}}\, a_n=1$, $\underline{\lim_{n\to\infty}}\, a_n=1$ (2) $\overline{\lim_{n\to\infty}}\, a_n=\infty$, $\underline{\lim_{n\to\infty}}\, a_n=0$

問26 $a_5=2.71\dot{6}$, $a_6=2.7180\dot{5}$, $a_7=2.718\dot{2}539\dot{6}$

問27 それぞれ $(f(x)+f(-x))/2$, $(f(x)-f(-x))/2$

問31 図1

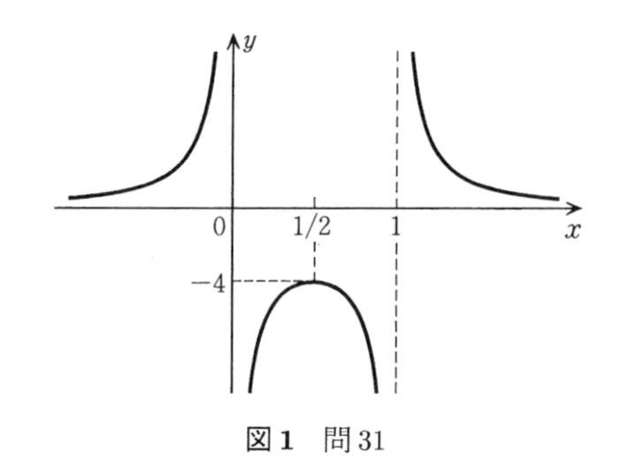

図 1　問 31

問 33　$\sin^2 4\theta$

問 34　$\pi/4,\ \pi/6$

問 35　図 2

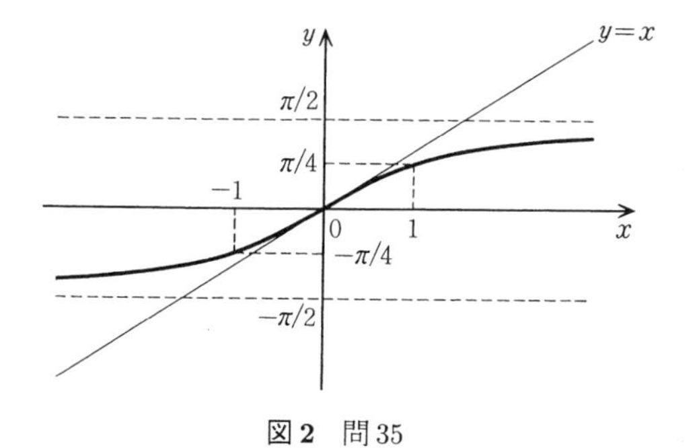

図 2　問 35

問 38　2, −1, 2

問 39　$\dfrac{\delta}{1+\delta}$, $\sqrt{\delta(4-\delta)}$

問 40　1

問 41　$\alpha = \dfrac{-1+\sqrt{4\beta-3}}{2}$

問 46　(1) 最大値 5 ($x=-2$)，最小値 1 ($x\in[0,1]$ のすべての x)　(2) 最大値 8 ($x=4$)，最小値 −1 ($x=1$)

問 47　(1) 2　(2) $\sqrt{2}$

第 2 章

問 1　(1) $3c^2+1$　(2) $4c^3+2c$

問 5 (1) $\dfrac{4}{(e^x+e^{-x})^2}$ (2) $\dfrac{-2x^3+6x-2}{x^2(x-1)^2(x-2)^2}$ (3) $-\dfrac{2}{x^3}-\dfrac{1}{x^2}+1+2x$

問 6 (1),(3),(5)

問 7 (1) $x=2-y,\ \dfrac{dx}{dy}=-1$ (2) $x=\dfrac{y+\sqrt{y^2+4}}{2},\ \dfrac{dx}{dy}=\dfrac{y+\sqrt{y^2+4}}{2\sqrt{y^2+4}}$

問 12 (1) $0\leqq x\leqq 1/2$ (2) $-1\leqq x\leqq 0,\ 1\leqq x\leqq\infty$

問 13 $x=\pi/4, 3\pi/4$ のとき極大値 $2\sqrt{2}/3$, $x=\pi/2$ のとき極小値 $2/3$

問 15 (1) $c=\dfrac{a+b}{2}$ (2) $c=\left(\dfrac{\sqrt{a}+\sqrt{b}}{2}\right)^2$

問 17 0

問 18 (1) 2 回 (2) 1 回

問 19 λ が整数でなければ $[\lambda]$ 回微分可能($[\lambda]$ は λ をこえない最大の整数). λ が整数のときは $\lambda-1$ 回微分可能.

問 20 (1) $\dfrac{1}{2\sqrt{x+1}}\ (n=1),\ \dfrac{1\cdot3\cdots(2n-3)}{2^n}(-1)^{n-1}(x+1)^{\frac{1}{2}-n}\ (n\geqq 2)$

(2) $(-1)^n n!\left\{\dfrac{1}{(x-1)^{n+1}}-\dfrac{1}{x^{n+1}}\right\}$

(3) $\cosh x$ (n が偶数のとき), $\sinh x$ (n が奇数のとき)

問 21 $x=0$ のとき最大値 1, $x=\pm1$ で変曲点(図 3)

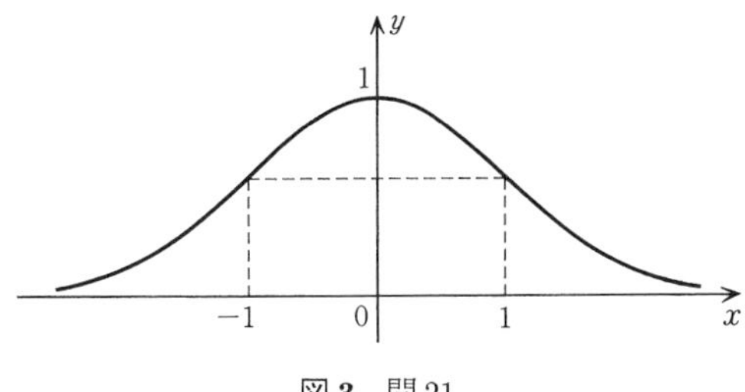

図 3 問 21

問 22 $x=0$ で極大値 1, $x=\pm1$ で極小値 0, $x=\pm1/\sqrt{3}$ で変曲点(図 4)

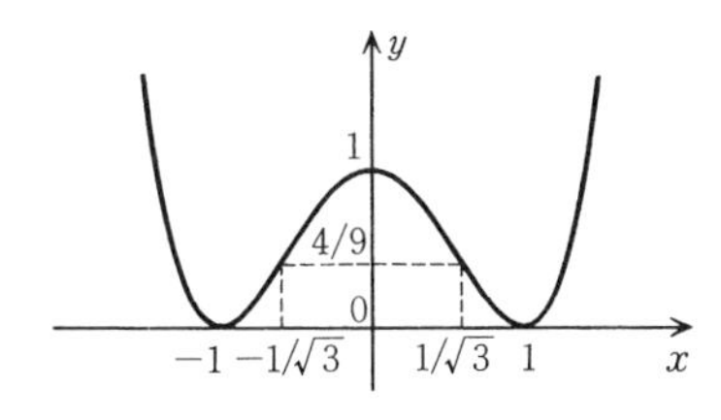

図 4 問 22

問23 (1),(2)

問25 (1) $\dfrac{\partial f}{\partial x}=2(x+y+1)$, $\dfrac{\partial f}{\partial y}=2(x+y+1)$

(2) $\dfrac{\partial f}{\partial x}=\dfrac{4xy^2}{(x^2+y^2)^2}$, $\dfrac{\partial f}{\partial y}=-\dfrac{4x^2y}{(x^2+y^2)^2}$

(3) $\dfrac{\partial f}{\partial x}=2e^{2x+y}+e^{x+2y}$, $\dfrac{\partial f}{\partial y}=e^{2x+y}+2e^{x+2y}$

問26 0

第3章

問2 (1) $-\dfrac{1}{2}\cos 2x+C$ (2) $-\dfrac{1}{2}e^{-x^2}+C$

(3) $\dfrac{1}{2}x^2+2\log|x|-\log|x+1|-x+C$ (4) $-\sqrt{a^2-x^2}+C$

(5) $\dfrac{1}{2}(\log x)^2+C$ (6) $\dfrac{2}{5}(x-1)^{5/2}+\dfrac{2}{3}(x-1)^{3/2}+C$

(7) $\dfrac{1}{2}\left\{x\sqrt{x^2-a^2}-a^2\log|x+\sqrt{x^2-a^2}|\right\}+C$

(8) $\sqrt{x^2-3x+1}+\dfrac{3}{2}\log\left|x-\dfrac{3}{2}+\sqrt{x^2-3x+1}\right|+C$ (9) $\dfrac{x}{a^2\sqrt{x^2+a^2}}+C$

問3 (1) $\dfrac{x^{n+1}}{n+1}\left(\log|x|-\dfrac{1}{n+1}\right)+C$

(2) $e^x(x^n-nx^{n-1}+n(n-1)x^{n-2}-\cdots+(-1)^n n!)+C$

問5 $f(x)=2x+1$

問6 (1) $\dfrac{1}{2}\alpha x^2+\beta x+C$ (2) $\sin x+C$

問8 3/2, 2

問9 $2/a^2$

問10 $\Gamma(2+s)\geqq\Gamma(1+s)$ $(s\geqq 0)$ に注意する.

問14 $a=1$ として，例3.47の公式を適用する.

問16 $m=n=0$ のときに π に等しいことに注意して m,n に関して漸化式を使う. $\dfrac{\{1\cdot3\cdots(2m-1)\}\{1\cdot3\cdots(2n-1)\}}{2^{m+n}(m+n)!}\pi$.

問21 $\dfrac{2\cdot4\cdots(2n-2)}{3\cdot5\cdots(2n-1)}\dfrac{2}{a^{2n}}$, $\dfrac{1\cdot3\cdots(2n-3)}{2\cdot4\cdots(2n-2)}\dfrac{\pi}{a^{2n-1}}$

第4章

問1 (3)(ただし $|x|<1$ のとき),(5),(6)

問5 (1) $x=0$ のとき収束，$x>0$ のとき発散 (2) $x=0$ のとき発散，$x>0$ のとき収束 (3) 収束 (4) 発散

問6 (1) $0 \leqq x < 1$ のとき収束，$x \geqq 1$ のとき発散 (2) $0 \leqq x < 1/e$ のとき収束，$x \geqq 1/e$ のとき発散 (3) 収束

問7 (1) 収束 (2) 振動 (3) 収束 (4) $|x| < 1$ のとき収束，$x > 1$ のとき発散，$x < -1$ のとき振動 (5) $|x| < 1$ のとき収束，$|x| > 1$ のとき発散

演習問題解答

第1章

1.1 漸化式より $|a_n-2|\leqq\dfrac{1}{2+\sqrt{2}}|a_{n-1}-2|$ を導く.

1.2 実際,

$$\begin{aligned}\sum_{m=0}^{n}(-1)^m\binom{n}{m}b_m &= \sum_{m=0}^{n}(-1)^m\binom{n}{m}\sum_{k=0}^{m}(-1)^k\binom{m}{k}a_k\\ &= \sum_{k=0}^{n}\sum_{m=k}^{n}(-1)^{m+k}\binom{n}{m}\binom{m}{k}a_k\\ &= \sum_{k=0}^{n}\sum_{m=k}^{n}(-1)^{m+k}\frac{n!}{(n-m)!\,(m-k)!\,k!}a_k\end{aligned}$$

$$\sum_{m=k}^{n}(-1)^{m+k}\frac{1}{(n-m)!\,(m-k)!}=\begin{cases}0 & (n>k)\\ 1 & (n=k)\end{cases}$$

だから求める等式を得る. $a_n=x^n$ のとき, $b_n=(1-x)^n$. $a_n=n$ のとき, $b_1=-1$, $b_n=0$ $(n\neq 1)$. $a_n=\dfrac{1}{n+1}$ のとき, $\dbinom{n}{r}\dfrac{1}{r+1}=\dbinom{n+1}{r+1}\dfrac{1}{n+1}$ に注意して, $b_n=\dfrac{1}{n+1}$.

1.3 $a_n=\alpha+b_n$ とおくと, $n\to\infty$ のとき $b_n\to 0$ となるので, $\alpha=0$ のときに示せばよい. $|a_n|\leqq K$ (K はある定数)としてよい. 任意の正数 ε に対して, ある番号 N があって $n\geqq N+1$ ならば $|a_n|<\dfrac{\varepsilon}{2}$. $n\geqq\max\left(N+1,\dfrac{2}{\varepsilon}NK\right)$ ならば,

$$\left|\frac{a_1+\cdots+a_n}{n}\right|\leqq\frac{|a_1+\cdots+a_N|}{n}+\frac{|a_{N+1}+\cdots+a_n|}{n}\leqq\frac{NK}{n}+\frac{\varepsilon}{2}<\varepsilon$$

となって極限値は 0.

1.4 $\tan x$ の倍角公式より $\dfrac{1}{2}\tan\dfrac{x}{2}=\dfrac{1}{2}\cot\dfrac{x}{2}-\cot x$. 一般に $\dfrac{1}{2^n}\tan\dfrac{x}{2^n}=\dfrac{1}{2^n}\cot\dfrac{x}{2^n}-\dfrac{1}{2^{n-1}}\cot\dfrac{x}{2^{n-1}}$. 辺々加えて, $\displaystyle\sum_{n=1}^{N}\frac{1}{2^n}\tan\frac{x}{2^n}=\frac{1}{2^N}\cot\frac{x}{2^N}-\cot x$. $\displaystyle\lim_{N\to\infty}\frac{x}{2^N}\cot\frac{x}{2^N}=1$ だから所要の等式を得る.

1.5 数学的帰納法によって証明する.

(1) $a_n-a_{n-1}=\dfrac{b_{n-1}-a_{n-1}}{2}\leqq 0$, $b_n-b_{n-1}=b_{n-1}\left(\sqrt{a_{n-1}/b_{n-1}}-1\right)\geqq 0$.

(2) $a_n-b_n=\dfrac{(\sqrt{a_{n-1}}-\sqrt{b_{n-1}})^2}{2}=\dfrac{(a_{n-1}-b_{n-1})(\sqrt{a_{n-1}}-\sqrt{b_{n-1}})}{2(\sqrt{a_{n-1}}+\sqrt{b_{n-1}})}\leqq$ $\dfrac{a_{n-1}-b_{n-1}}{2}$. ゆえに $(a_n-b_n)\leqq\dfrac{1}{2^{n-1}}(a_1-b_1)=\dfrac{(\sqrt{a}-\sqrt{b})^2}{2^n}$ だから $\lim_{n\to\infty}(a_n-b_n)=0$.

1.6 $a\geqq b$ と仮定する. $\sqrt[n]{a^n+b^n}=\sqrt[n]{1+(b/a)^n}\,a$. よって, $a\leqq\sqrt[n]{a^n+b^n}\leqq a\sqrt[n]{2}$. $n\to\infty$ のとき $\sqrt[n]{2}\to1$ であるから, $\lim_{n\to\infty}\sqrt[n]{a^n+b^n}=a$. r 個の場合も $a_1,\cdots,a_r$ のうちで最大な項のみとり出して, 同様に示せばよい.

1.7 $c\in[a,b]$ を任意にとる. (イ) $f(c)>g(c)$, (ロ) $f(c)<g(c)$, または (ハ) $f(c)=g(c)$ である. (イ)のとき, c の近くで $f(x)>g(x)$ なので, $\max\{f(x),g(x)\}=f(x)$. (ロ)のときは c の近くで $\max\{f(x),g(x)\}=g(x)$. (ハ)のときは c の近くで $f(x)$, $g(x)$ の値は共に $f(c)$ に近い. したがっていずれの場合も, $\max\{f(x),g(x)\}$ は c で連続. $\min\{f(x),g(x)\}$ のときも同様.

第2章

2.1 $f(x)=g(x)e^{\lambda x}$ とおくと, $g'(x)\leqq0$ が成り立つ. したがって $g(x)\leqq g(0)$ $(x\geqq0)$, $g(x)\geqq g(0)$ $(x\leqq0)$ である.

2.2 $(\log g(x))''=\dfrac{g(x)g''(x)-g'(x)^2}{g(x)^2}$ であるから, $(ae^{\alpha x}+be^{\beta x})(\alpha^2ae^{\alpha x}+\beta^2be^{\beta x})-(a\alpha e^{\alpha x}+b\beta e^{\beta x})^2\geqq0$ を示す. これはシュワルツの不等式である.

2.3 $f(x,t)$ のグラフは単峰形の正規分布の形をしている. t が大きいと山はなだらかだが, t が0に近づくと山はけわしくなり, 頂上(原点での値)は ∞ になる.

2.4 $\dfrac{f(b)-f(a)}{g(b)-g(a)}=\lambda$ とおいて, 関数 $F(x)=f(b)-f(x)-\lambda(g(b)-g(x))$ を考えると, $F(a)=F(b)=0$ である. ロルの定理から, $F'(\xi)=0$ となる ξ $(a<\xi<b)$ がある.

2.5 $\dfrac{f(c+h)-f(c)}{g(c+h)-g(c)}=\dfrac{f'(\xi)}{g'(\xi)}$ をみたす ξ $(c<\xi<c+h$ または $c+h<\xi<c)$ がある. $\lim_{\xi\to c}\dfrac{f'(\xi)}{g'(\xi)}=\dfrac{f'(c)}{g'(c)}$.

2.6

(1) $(x\cos x-\sin x)'=-x\sin x$, $(x^3)'=3x^2$ に注意して前の問題2.5の公式を使う. $-1/3$.

(2) $\dfrac{1}{1-e^x}+\dfrac{1}{x}=\dfrac{x+1-e^x}{x(1-e^x)}$ であり, $e^x=1+x+\dfrac{x^2}{2}+O(|x|^3)$ となっている

((1.40)参照)．1/2．

(3) $\sin(x+h)=\sin x+h\cos x-\dfrac{h^2}{2}\sin x+O(h^3)$，$\sin(x+2h)=\sin x+2h\cos x-2h^2\sin x+O(h^3)$ だから，$-\sin x$．

2.7 $f'(x)=\dfrac{\alpha\delta-\gamma\beta}{(\gamma x+\delta)^2}$，$f''(x)=-\dfrac{2\gamma(\alpha\delta-\gamma\beta)}{(\gamma x+\delta)^3}$，$f'''(x)=\dfrac{6\gamma^2(\alpha\delta-\gamma\beta)}{(\gamma x+\delta)^4}$ より等式が得られる．

2.8 (1),(2) 図1．$y=f(x)$ のグラフの変曲点は $x=\pm 1$ のとき．$g(x)\geqq f(x)$．

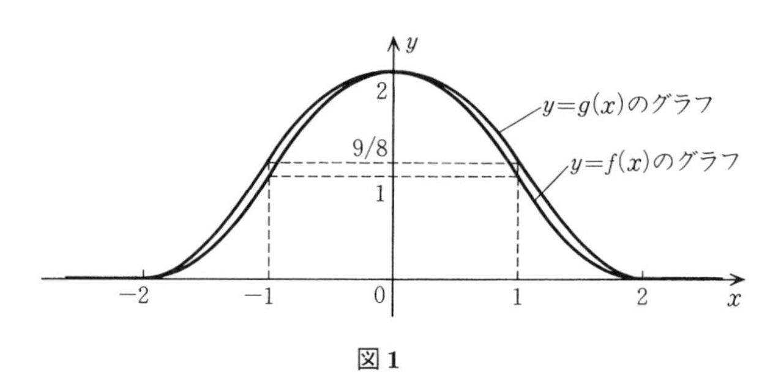

図1

(3) $-11+5\sqrt{5}=0.1803\cdots$ (最大値は $x=\pm(\sqrt{5}-1)$ のとき)

第3章

3.1 $y=\dfrac{1}{1-Ce^{-kx}}$ $(C\neq 0)$．グラフは図2のようになる．

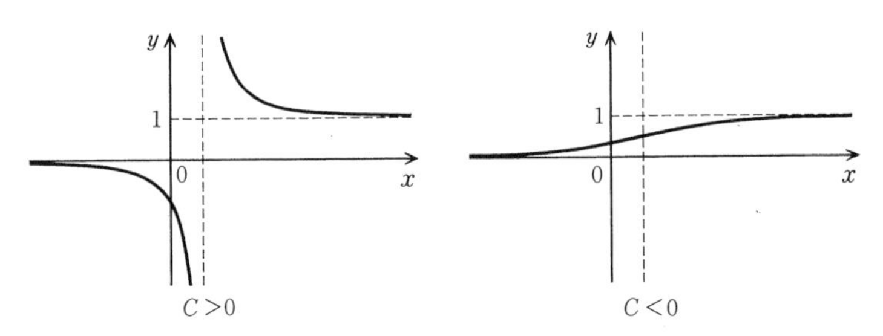

図2

3.2 例題3.50より，$\dfrac{n}{n-1}I_n=I_{n-2}$，$I_n\leqq I_{n-1}\leqq I_{n-2}$ だから，$1\geqq\dfrac{I_n}{I_{n-1}}\geqq\dfrac{n-1}{n}$．

3.3 置換積分により，$\sqrt{\alpha}\lim_{\alpha\to\infty}\int_{-A}^{A}e^{-\alpha x^2}dx=\lim_{\alpha\to\infty}\int_{-A\sqrt{\alpha}}^{A\sqrt{\alpha}}e^{-t^2}dt=\int_{-\infty}^{\infty}e^{-t^2}dt=$

$\sqrt{\pi}$, $\lim_{\alpha\to\infty}\sqrt{\alpha}\int_A^B e^{-\alpha x^2}dx=\lim_{\alpha\to\infty}\int_{A\sqrt{\alpha}}^{B\sqrt{\alpha}} e^{-t^2}dt=0$.

3.4 関数

$$g(x)=\begin{cases}\dfrac{f(x)-f(0)}{x} & (x\neq 0)\\ f'(0) & (x=0)\end{cases}$$

は $[-a,a]$ で連続. よって, $\int_{-a}^{-t}f(x)\dfrac{dx}{x}+\int_t^a f(x)\dfrac{dx}{x}=\int_{-a}^{-t}g(x)dx+\int_t^a g(x)dx$ $\mapsto\int_{-a}^a g(x)dx\ (t\downarrow 0)$.

3.5 $\int_0^\pi \log\sin x\,dx=2\int_0^{\pi/2}\log\sin x\,dx$, $\int_0^{\pi/2}\log\cos x\,dx=\int_0^{\pi/2}\log\sin x\,dx$ に注意して, 倍角公式 $\sin 2t=2\cos t\sin t$ を利用する.

3.6 $F(x)=\int_0^\infty\dfrac{e^{-at}-e^{-xt}}{t}dt\ (x>0)$ とおく. 項別微分して $F'(x)=\int_0^\infty e^{-xt}dt$ $=\dfrac{1}{x}$, よって $F(x)=\log x+A$ (A は定数) を得る. $x=a$ のとき $F(a)=0$ だから $F(x)=\log(x/a)$. $x=b$ とおいて, $F(b)=\log(b/a)$.

第4章

4.1 $a_n=1+\dfrac{1}{2}+\cdots+\dfrac{1}{n-1}-\log n\ (n\geqq 1)$ とおくと, $0<a_{n+1}-a_n=\dfrac{1}{n}-\log\left(1+\dfrac{1}{n}\right)<\dfrac{1}{2n^2}$. $a_1=0$ に注意して, $a_n<\dfrac{1}{2}\left(1+\dfrac{1}{2\cdot 1}+\dfrac{1}{3\cdot 2}+\cdots\right)=1$.

4.2 $x^{-x}=e^{-x\log x}=\sum_{n=0}^\infty(-1)^n\dfrac{(x\log x)^n}{n!}$ と変形して, $\int_0^1 x^m(\log x)^n dx=(-1)^n\dfrac{n!}{(m+1)^{n+1}}$ に注意する. 級数と積分の順序交換を行なうと, $\int_0^1 x^{-x}dx=\sum_{n=0}^\infty\dfrac{1}{(n+1)^{n+1}}$.

4.3 積分の定義からわかるように,

$$\sum_{n=1}^\infty\frac{1}{n^2+a^2}=\sum_{n=-\infty}^{-1}\frac{1}{n^2+a^2}\leqq\int_{-\infty}^0\frac{dx}{x^2+a^2}=\frac{\pi}{2a}$$

$$\sum_{n=0}^\infty\frac{1}{n^2+a^2}\geqq\int_0^\infty\frac{dx}{x^2+a^2}=\frac{\pi}{2a}$$

4.4 $\sin\dfrac{x}{2^N}\prod_{n=1}^N\cos\dfrac{x}{2^n}=\left(\dfrac{1}{2}\right)^N\sin x$ だから,

$$\lim_{N\to\infty}\prod_{n=1}^N\cos\frac{x}{2^n}=\lim_{N\to\infty}\left(\frac{1}{2}\right)^N\sin x\Big/\sin\frac{x}{2^N}=\frac{\sin x}{x}.$$

4.5 u_n と n^{-s} とを比較する.

$$\frac{u_{n+1}}{u_n}=1-\frac{\lambda}{n}+O\left(\frac{1}{n^2}\right)$$

のとき，$C_1 n^{-(\lambda+\delta)}<u_n<C_2 n^{-(\lambda-\delta)}$ をみたす小さい正数 δ と定数 C_1, C_2 がある．

(1)のときは $\lambda\pm\delta>1$ となるように δ をとることができる．$\sum_{n=1}^{\infty} n^{-\lambda+\delta}$ が収束するから，$\sum_{n=1}^{\infty} u_n$ も収束する．

$\lambda<1$ ならば，$\lambda+\delta<1$ となるように δ をとることができる．$\sum_{n=1}^{\infty} n^{-\lambda-\delta}$ は発散するので，$\sum_{n=1}^{\infty} u_n$ も発散する．

$\lambda=1$ のとき，u_n と $v_n=\dfrac{1}{n\log n}$ $(n\geqq 2)$ を比較する．

$$\frac{v_{n+1}}{v_n}=1-\frac{1}{n}-\frac{1}{n\log n}+O\left(\frac{1}{n^2}\right)$$

が成り立つので，n が十分大きくなれば

$$\frac{u_{n+1}}{u_n}-\frac{v_{n+1}}{v_n}>0.$$

$\sum_{n=2}^{\infty} v_n$ は発散する(例題 4.15)ので，$\sum_{n=1}^{\infty} u_n$ も発散する．

4.6

$$\frac{u_{n+1}}{u_n}=\frac{(\alpha+n)(\beta+n)}{(\gamma+n)(n+1)}=1+\frac{\alpha+\beta-\gamma-1}{n}+O\left(\frac{1}{n^2}\right).$$

よって 4.5 の判定法により，$1+\gamma-\alpha-\beta>1$ のとき収束，$0<1+\gamma-\alpha-\beta\leqq 1$ ならば発散する．$\alpha+\beta-\gamma-1>0$ のときは，n がある番号より大きくなれば $|u_n|\leqq |u_{n+1}|\leqq |u_{n+2}|\leqq\cdots$ となるからもちろん収束しない．

索　引

タ 行

ナ 行

ハ 行

マ 行

ヤ 行

ラ 行

ワ 行

青本和彦
1939年生まれ
1961年東京大学理学部数学科卒業
現在　名古屋大学名誉教授
専攻　解析的積分論

現代数学への入門 新装版
微分と積分 1—初等関数を中心に

2003年8月22日　第1刷発行
2009年5月7日　第5刷発行
2024年1月25日　新装版第1刷発行

著　者　青本和彦（あおもとかずひこ）

発行者　坂本政謙

発行所　株式会社 岩波書店
〒101-8002 東京都千代田区一ツ橋 2-5-5
電話案内 03-5210-4000
https://www.iwanami.co.jp/

印刷製本・法令印刷

ISBN978-4-00-029923-7　Printed in Japan